Le Fils de l'Homme : une autre histoire de Pinocchio

Voyage au cœur de ces nouvelles technologies qui bouleverseront l'humanité

Olivier Gronier

Crédit photo :
Keoni Cabral (https://www.flickr.com/photos/keoni101/)

Couverture réalisée par : Kouvertures.com

À mon épouse adorée, qui ne me quitte jamais, pas même entre ces lignes

À mes parents, pour le goût du pourquoi et du comment et afin qu'ils n'oublient jamais que le doute est permis

À mes enfants, à qui je souhaite d'aimer la vie avec audace et panache !

4

Table des matières

Introduction

« Deux plaideurs se disputaient une huître. Un juge survient, gobe l'huître et leur remet à chacun une écaille. Le premier, furieux, la jette au loin. Le second, résigné, examine avec soin sa coquille : elle contenait une perle. »

Une sentinelle attend l'aurore
Gilbert Cesbron

Longtemps j'ai voulu écrire ce livre. Les sujets de notre origine, de notre identité, du progrès et de la post-humanité, c'est-à-dire de la trajectoire de l'homme me fascinent.

Longtemps je me suis dit n'avoir aucun droit de le faire. D'abord parce que je suis devenu médecin et n'avais qu'une connaissance vulgarisée des sujets que j'ai par la suite appris à approfondir.

Ensuite, car je pensais avoir un esprit scientifique monté à l'envers. En effet, petit, j'avais une passion pour le moins bizarre : j'adorais démonter les objets cassés. Ce n'était pas fondamentalement pour les réparer, mais pour comprendre ce qui causait leur dysfonctionnement. L'étape qui consistait à remonter les dizaines de petites vis — dans l'ordre — était celle que je considérais comme facultative. En fin de compte, je réparais donc rarement les objets et j'en éprouvais à la longue une certaine gêne, voire une honte.

Mon idéal scientifique inconscient était celui de l'inventeur de génie et par conséquent je me considérais comme tout — sauf scientifique. En fait, j'appris plus tard que je confondais science et mécanique. J'ai d'ailleurs compris cela en faisant de l'endoscopie, qui est en quelque sorte, de la plomberie.

Le scientifique est au contraire bien un désosseur en tout genre, un curieux du pourquoi et du comment. Il est peu probable que l'archéologue ou le paléontologue prennent plaisir à remettre en ordre le tas de sable tel qu'ils l'ont trouvé, ou que l'astrophysicien se désole en voyant une supernova exploser. Comprendre cela m'a réconcilié avec mon « moi » scientifique et m'a donné la volonté de commencer mes recherches.

La deuxième raison qui m'a poussé dans cette voie vient du décalage que je vis chaque jour dans ma pratique médicale entre l'état des savoirs actuels et les incroyables progrès (imagerie, nanotechnologies, biotechnologies) si proches et pourtant si éloignés d'un monde encore en souffrance.

Chaque jour, je me dis « plus vite » et chaque jour on désespère d'entendre futurologues et cancérologues, nous prédire la fin de telle ou telle maladie, sans jamais rien voir venir.

Il y a eu tant d'échecs en médecine dans nos tentatives de réparation du vivant : les espoirs déçus de la thérapie génique[1] en sont un

---

[1] B. Jordan, Thérapie génique, espoir ou illusion ?, Prix Jean Rostand, 26/11/2007

exemple flagrant, tout comme ceux de l'immunothérapie en cancérologie.

Le coup de grâce a été porté dans mon esprit, lorsque jeune chef de clinique, lors d'un congrès en cancérologie digestive, était annoncé en séance plénière et en grande pompe, un traitement nouveau et révolutionnaire dans le cancer du pancréas métastatique[2]. Il devait permettre d'allonger la durée de vie sans progression... de quelques jours. Entendons-nous bien, cela signifiait que les patients de cette étude avaient à peu près la même durée de survie (quelques mois dans ce cas) qu'avec le traitement de référence, et que l'aggravation de la maladie était retardée de quelques jours. Des millions étaient investis et des dizaines de millions seraient dépensés pour que les malades puissent bénéficier d'une goutte d'espoir dans un océan de désolation.

Parallèlement, depuis vingt ans nous assistons à l'amélioration exponentielle de l'informatique, des biotechnologies, des sciences cognitives et des progrès gigantesques ont été réalisés dans les domaines de l'intelligence artificielle et de la robotique.

Un jour en parcourant un article à ce sujet, je découvrais que l'intégralité de nos souvenirs pourrait en quelque sorte déjà tenir sur une clef USB de 3 go[3]. Vertigineux !

Ainsi la puissance de stockage et de calcul, pourraient-elles nous permettre dans un avenir pas si lointain de « nous sauvegarder » puis, de nous télécharger dans un robot, ou notre conscience tournerait comme un système d'exploitation ?

Si une première étape sur ce chemin, serait celui de l'homme 2.0, augmenté, bionique ou cyborg, ne deviendrait-il pas rapidement plus simple de nous affranchir du vivant tel que nous le connaissons ?

Il ne s'agirait donc pas seulement de vivre avec le robot, mais d'en faire ce qui serait « le Fils de l'Homme », un « Homo Roboticus [4]».

Mais pourquoi ? Pour quelle étrange raison l'homme voudrait se priver de sa splendide humanité ? Qu'est-ce qui peut bien le pousser

---

[2]   Moore MJ, et all; National Cancer Institute of Canada Clinical Trials Group. Erlotinib plus gemcitabine compared with gemcitabine alone in patients with advanced pancreatic cancer: a phase III trial of the National Cancer Institute of Canada Clinical Trials Group. J Clin Oncol, Mai 2007

[3]   S. Durand, Les hérésies scientifiques du professeur Durand, Flammarion, 2015

[4]   Gilbert Dalgalian, Capitalisme à l'agonie : quel avenir pour Homo sapiens ? La pulsion démocratique, des origines à l'autogestion, L'Harmattan, 2012

à vouloir s'augmenter, se réparer, se transformer ainsi ? Mais le veut-il vraiment ? N'y aurait-il pas une part instinctive dans tout cela ? Et si au même titre que l'homme un jour a décidé de se protéger du froid — par un instinct sensitif — il était à nouveau poussé à évoluer pour survivre ?

Je suis certain, que vous n'avez même pas eu le temps de finir le paragraphe précédent sans que raisonnent dans votre esprit de nombreuses alertes d'ordre éthique ou moral.

Cela prouve déjà que rien ne sera fait sans que cet aspect, sans que l'héritage de notre humanité prenne toute sa place dans ce que nous considérons trop, comme une création.

L'évolution ne s'est jamais souciée de la morale ou de l'éthique dans la sélection des espèces.

Dans la pratique médicale, il n'y a pas un instant où l'on ne réfléchit au bien-être des malades avec cette obsession de savoir si l'examen proposé, la décision d'intervention ou de traitement se feront au bénéfice ou au détriment du patient.

Pourquoi en serait-il différemment dans notre réflexion sur « le Fils de l'Homme » ?

Pourquoi bien souvent s'exprime cette angoisse sous-jacente de déshumanisation, de perte de contrôle, de désenchantement quand on évoque un avenir où la machine — qui vient de nous — prend une place croissante ?

Certes dans nos vies de mortels il y a l'Amour, la beauté éphémère, la fragilité du temps qui passe, la magie qui se dégage de l'imprévisibilité de nos relations et de l'instabilité de la condition humaine.

Mais il y a aussi la souffrance, la maladie, la mort, les limites de notre condition humaine qui nous enferment dans un espace-temps au mieux limité à un siècle, un environnement fait d'une planète, de quelques continents et d'une station spatiale.

L'homme n'avance que pour s'affranchir de ses limites. Pris un à un, nous admirons chaque progrès qui améliore sa condition : transports, électricité, transplantations cardiaques, lunettes, internet.

Mais chaque avancée est bien souvent au préalable individuellement contestée, scrutée, mise à l'index par la version moderne de l'inquisition : le principe de précaution.

Entendons-nous bien : cela ne signifie pas que toute forme de réflexion soit à écarter, bien au contraire — car nous verrons qu'il n'y aura pas plus humain — au sens moral et moderne du terme — que « le Fils de l'Homme ».

Mais ne plus progresser, ne plus évoluer, nous reviendrait à abandonner le lieu de tous les possibles et de toute création : la frontière entre l'ordre et le chaos[5].

Si j'avais su à quel point s'intéresser aux robots, c'était se passionner pour l'homme !

Il nous manque quand on aborde la question du progrès et de notre futur ce que j'appellerais une « confiante bienveillance ».

L'Humanité se prive trop souvent de la foi en son destin, un regard apaisé sur sa capacité à créer un avenir enchanté et au fond, un meilleur préjugé sur ses intentions.

La peur est l'ennemi du progrès. L'Homme est un animal que l'immobilisme intellectuel finirait par tuer.

S'il est déraisonnable de vouloir résumer notre condition en un mot, « le mouvement » est une de nos grandes caractéristiques. Soyons honnêtes, nous ne tenons pas en place. On aurait pu rester tranquillement cachés dans notre savane ou dans nos grottes, mais non, il a fallu que l'on commence à chercher des solutions à tout, quitte à prendre des risques insensés : se redresser pour voir, mais être vu au milieu de la savane ; tester une nouvelle lance sur un mammouth excité, plonger dans un scaphandre à l'étanchéité incertaine, marcher sur la lune…

Ainsi, cette notion de « risque » et je dirais même de « chiche » ou « t'es pas cap » est pour moi la deuxième grande caractéristique de l'humanité.

J'irais donc à l'inverse du grand mal de notre temps occidental, probablement encore sous le choc d'un vingtième siècle monstrueux et qui raisonne avec ce triste préambule qu'à priori l'homme est dangereux et cupide, ne sait pas ce qu'il fait et menace sans arrêt son avenir comme celui de la planète.

Non, pour moi l'homme est fait pour être audacieux. C'est même en grande partie ce qui le définit. Celui qui innove, invente, cherche, prend le risque de l'inconnu, souvent se trompe et parfois triomphe, sert plus souvent l'humanité qu'il ne la met en danger. Je redoute

---

[5]   J.-C. Heudin, L'évolution au bord du chaos, Hermès Science, 1998

bien plus les peureux et les gardiens de l'immobilisme, tellement audibles de nos jours qu'on ne peut plus s'entendre rêver.

Je n'ai aucun mérite à défendre cela. Il suffit d'admirer la multitude de grands hommes qui ont contribué à notre présent, de Platon à Newton et de Pascal à Victor Hugo, pour appréhender l'avenir de l'homme avec une « confiante bienveillance ».

Il est un homme qui mérite toute notre attention à ce sujet : Louis Pasteur, l'homme qui pour tester son nouveau vaccin contre la rage, dans un de ces élans de « chiche » et « t'es pas cap », n'aurait pas hésité à s'inoculer le virus, si la nécessité de tout tenter pour sauver la vie du petit Joseph Meister ne s'était présentée.

Sacha Guitry qui écrivit une pièce merveilleuse à son sujet déclarait : « C'est une pièce sur Pasteur, sur le travail, sur le respect que l'on doit aux grands hommes. C'est une pièce contre le scepticisme, contre la méchanceté et l'hypocrisie de ceux qui doutent, toujours, en principe ».

Vous imaginez bien que ceux-là savent déjà à la première page ce qu'ils diront de ce livre à la dernière — s'ils prenaient même la peine d'aller jusque là.

Et pourtant c'est bien la connaissance qui chasse le doute et finit par chasser les peurs. Jean-Paul II disait « N'ayez pas peur ! ». Ainsi ne craignez pas de lire cette histoire…

Ce livre n'est pas un énième livre de prédictions, de « futurologie » hollywoodienne ou de sociologie ressassant « la fin de l'humanité » comme la catastrophe avérée.

Ce n'est pas non plus un plaidoyer pour un « transhumanisme » sauvage.

Mon propos est de tenter d'ouvrir l'esprit du lecteur, de lui faire dépasser la peur d'un avenir incertain pour bien au contraire se mettre en position d'admirer les possibles et de s'ouvrir l'appétit en rêvant son futur.

Alors, « À table ! »

Partie 1

Seul
au monde ?

« La connaissance pose des questions auxquelles
l'ignorance ne répondra jamais. »
Isaac Asimov

L'humain est assailli de toutes parts. Depuis quelques siècles déjà, les frontières de son monde reculent. Il n'est plus lui-même, dépossédé de sa transcendance, il encaisse les coups.

La Terre n'est pas au centre du monde, pas plus que son soleil ni même sa galaxie. Sa domination du monde n'est qu'une vue de son esprit. Il n'est ni achevé, ni parfait et conçu pour s'adapter, se transformer. Son existence est faite des mêmes atomes que tout ce qui l'entoure[1].

Seule sa conscience reste le dernier bastion à résister encore à la connaissance. Mais pour combien de temps ?

Perdus au milieu de la science et de la technique, les horizons de son mystère se rétrécissent. Son identité et sa spécificité ne sont plus tout à fait discernables.

Comme c'était mieux avant ! Quand la religion ou la philosophie répartissaient les rôles avec clarté. Homme, animal, nature, chacun tenait sa place.

Mais voilà, le fruit vertigineux de la connaissance est passé par là et l'indécrottable curiosité a brouillé tous les repères. S'il devient difficile de nous définir par notre position dans l'univers, nous seuls sommes capables de définir les relations que nous entretenons avec le monde qui nous entoure.

Et si c'étaient elles qui nous définissaient le mieux ?

Ou bien la « conscience » de ces relations, qui nous rend responsables et nous engage ?

---

[1] B. Greene, La Réalité cachée, Robert Laffont, 2012

Chapitre 1

L'Homme, seul face à son destin

L'Homme, cet incorrigible curieux

D'une certaine manière, tout était tellement plus simple et moins anxiogène avant la science. L'homme se croyait au centre d'un univers créé pour son seul usage et bénéfice et d'ailleurs tout se tenait [2]!

L'univers visible tournoyait au-dessus de nos têtes nous donnant l'illusion d'être au centre d'un vaste carrousel. C'était le temps d'un géocentrisme bien placé, au service de notre égocentrisme mal placé.

Ainsi Platon dès le IVe siècle avant J.-C, proposa un modèle d'univers où la Terre se trouvait immobile au centre d'une immense sphère portant planètes et étoiles et fixant les limites d'un univers fini, bordé. Voilà qui avait le mérite d'être rassurant.

Mais l'homme est curieux. Et son vilain défaut l'a poussé d'une manière quasi schizophrénique à se faire tomber de son piédestal.

Tout d'abord Ptolémée au IIe siècle expliqua notre univers non plus en une, mais trente-trois sphères portant planètes et étoiles.

Puis, il fallut attendre 1543 et Nicolas Copernic, pour que le géocentrisme se transforme en un univers plaçant le soleil au centre de tout, l'héliocentrisme. Ceci relégua la terre au statut de simple planète. Dans ce système, notre soleil gardait encore une place de choix qui ne tarda malheureusement pas à être mise à mal.

Très vite, en une poignée de siècle l'homme comprit que notre soleil était seulement une étoile parmi les près de 200 milliards de notre galaxie et que ce soleil était d'ailleurs assez éloigné de son centre, à près de 26 000 années-lumière. Mais ce fut Edwin Hubble qui apporta en 1924 le coup de grâce en plaçant notre galaxie, la Voie lactée parmi les centaines de milliards de galaxies observables[3].

Et là encore, tout indique que cela ne s'arrête pas là. Il y a bien entendu cet univers qui poursuit indéfiniment notre ligne d'horizon, mais il n'est pas exclu qu'existent des univers parallèles formant un incroyable "multivers" [4]! Nous reviendrons dans la deuxième partie sur cette théorie.

---

[2]   Kip S. Thorne, Trous noirs et distorsions du temps : L'héritage sulfureux d'Einstein, Champs Sciences, 2009

[3]   http://www.wired.com/2009/12/1230hubble-first-galaxy-outside-milky-way/

Dans son livre « Face à l'Univers [5] », Trinh Xuan Thuan parle ainsi de « rapetissement de l'homme dans l'espace et le temps ». Au final, on peut tout de même être fier, car il faut beaucoup d'humilité pour avoir accepté des vérités, qu'absolument personne d'autre que nous ne cherchaient à faire admettre !

Parallèlement à la découverte de sa place dans l'univers, l'homme s'est situé dans le temps. Il a compris que sur le calendrier cosmique mis à l'échelle d'une année de 365 jours, un astéroïde est venu balayer — après un règne de 100 millions d'années — les dinosaures le 30 décembre à 6 h 24 et que l'Homo Sapiens n'est entré en scène qu'à la dernière heure du dernier jour de cette même année à 23 h 56 min[6].

Ainsi, toute l'histoire de l'humanité dans l'immensité du temps cosmique connu ne représente ici que quelques minutes.

---

[4]   Jean-François Becquaert, Le Sahara vient des étoiles bleues, Fayard, 2015
[5]   Trinh Xuan Thuan, Face à l'Univers, Autrement, 2015
[6]   Gaétan Morissette, Astronomie premier contact, Sept-Îles : Éditions Mathurin, 1987

L'Homme actuel, aboutissement de l'évolution ?

L'homme n'a pas seulement cherché à connaître sa place dans l'univers, mais également à savoir d'où il vient, quelle est sa filiation. Et c'est bien normal ! Quel orphelin ne chercherait pas désespérément à connaître ses parents ?

Malheureusement pour l'homme, là encore les réponses n'ont cessé de le perturber.

L'observation incessante de l'environnement, les progrès de l'archéologie, de la géologie, avec l'étude des roches sédimentaires et des fossiles nous ont progressivement permis de tourner les pages de notre histoire.

Ainsi notre planète compterait actuellement 1 % du nombre total d'espèces ayant existé sur Terre. Leur durée de vie est limitée, plus ou moins longue, et leur disparition souvent brutale, au grès des six crises majeures utilisées pour découper le temps géologique en ères. Actuellement, des dizaines d'espèces animales disparaissent chaque jour parmi les 8,7 millions que compterait actuellement notre planète[7].

L'homme porte une lourde responsabilité dans ce que certains qualifient déjà de nouvelle ère d'extinction majeure.

Ainsi, si nous ne sommes pas l'aboutissement de l'évolution, nous en sommes un tournant majeur...

Au XXème siècle, la systématique moléculaire se préoccupe d'établir des relations de parenté entre espèces, puis de reconstituer leur histoire évolutive. Elle conduit à abandonner toute considération hiérarchique des relations entre les espèces.

C'est une nouvelle révolution qui nous a fait réaliser que les chimpanzés partagent 99 % de nos gènes et sont aussi proches de nous génétiquement que des autres grands singes. Et bien plus proches de nous que d'autres animaux. ...

---

[7]   C. Grimoult, Histoire des Théories Scientifiques de l'Extinction des Espèces, Ellipses, 2014

Autrement dit, l'homme n'est pas en haut d'une échelle ou d'une pyramide, mais sur une des nombreuses branches de l'arbre du vivant. Aucune espèce actuelle ne se révèle plus ou moins archaïque ou évoluée que la nôtre. Aucune n'est restée en panne d'évolution[8].

---

[8]   J.-Y. Baziou et J.L Blaquart, L'avenir en question : la fin des promesses ? : Religion et politique face à l'imprévisible, Armand Colin : Recherches, 2013

L'apparition du vivant

Au début de son histoire, la terre était recouverte d'un magma en fusion incompatible avec la vie. Celle-ci a été détectée dans les fossiles sous forme de micro-organismes datant de 3,5 milliards d'années. Il s'agissait alors de bactéries ou de microbes. Il semble néanmoins de par l'analyse chimique et l'étude des isotopes que la vie existait déjà sur Terre il y a 4 milliards d'années, à quelques centaines de millions d'années prêts.

Si nous avons compris les grandes lignes de l'évolution, il y a tout de même encore une part importante de spéculations[9]. La croute primitive ayant disparu, nous possédons surtout des fossiles datant des derniers 600 millions d'années soit moins de 15 % de l'histoire de notre planète.

De vie microscopique, stromatolites, trilobites, conodontes et autres brachiopodes ont progressivement abouti ou laissé place il y a environ 410 millions d'années aux premiers poissons vertébrés puis vers - 380 millions d'années aux premiers vertébrés terrestres.

Ce n'est que vers - 90 millions d'années que les premiers mammifères placentaires sont apparus. Ils n'ont pu proliférer qu'après la sixième extinction massive et la disparition des dinosaures due à une fâcheuse coïncidence : l'impact d'une gigantesque météorite dans le Yucatan au Mexique il y a 66 millions d'années, catastrophe conjuguée aux effets d'importantes éruptions volcaniques en Inde[10].

Des primates se sont développés et plusieurs lignées se sont séparées, donnant d'un côté les chimpanzés et de l'autre les hommes. Ainsi, l'homme a découvert au cours de ses recherches, qu'il existait pas moins de 21 espèces d'hominidés l'ayant précédé au fil des siècles, répartis en 40 000 générations, ayant vécu pour la plupart en nomades.

---

[9]   C. Zimmer, Introduction à l'évolution : Ce merveilleux bricolage, de boeck, 2012

[10]   Paul R. Renne et al, State shift in Deccan volcanism at the Cretaceous-Paleogene boundary, possibly induced by impact, Science 2 October 2015: Vol. 350 no. 6256 pp. 76-78

Quel serait le regard de Lucy sur l'Homo Sapiens ? Il est probable qu'elle se dirait : « si cet être sans poil et au physique si ingrat représente mon avenir, il s'agit d'une catastrophe ».

Si nous ne vivons plus dans l'idée que le monde a été créé pour nous, il nous est difficile d'admettre que nous ne sommes pas un produit fini.

Nous reconnaissons quelques imperfections, mais au fond nous considérons l'humain comme un organisme relativement abouti. Ceci est hautement discutable.

Un estomac sur pattes

On dit couramment que l'intestin est notre deuxième cerveau. Cela peut paraître largement usurpé, car au regard de l'évolution c'est bien par lui que tout a commencé. En effet, les organismes primitifs pluricellulaires étaient initialement composés d'un tube digestif, au sein duquel s'est développé le système nerveux entérique.

Si l'on remonte le cours du temps, on s'aperçoit que c'est pour mieux nous nourrir que l'évolution a développé notre cerveau du haut. L'apparition de l'encéphale coïncide avec celle des yeux et des oreilles, utiles pour chercher de la nourriture. Sans cette division des tâches, nous consacrerions encore toute notre énergie à digérer. Le tournant décisif de notre encéphale est ainsi lié à une invention technologique : la domestication du feu. C'était il y a 1,5 million d'années, à l'époque ou Homo Sapiens s'appelait encore Homo Ergaster. Il venait d'inventer le barbecue. C'est donc entre autres le gain d'énergie lié au temps gagné de mastication, qui a permis « au cerveau du haut » de se développer.

En d'autres termes, redescendons sur terre. Si nous sommes devenus des êtres de raison et que nous nous sentons supérieurs, c'est avant tout parce que nous avions faim.

Une réussite en demi-teinte

L'homme est également bien souvent imparfait dans sa conception même : fragilité de l'appareil auditif, agénésie de tout type de tissus, dystrophies, cécités acquises ou congénitales, appendices inutiles, cardiopathies...

Il s'agit d'autant d'erreurs de programmations, de recopies, d'altérations cellulaires qui pour n'importe quel autre type d'objet nous feraient recourir au service après-vente.

Le front ne sert à rien. Il s'agit d'un espace qui à la faveur d'une mutation génétique positive pourrait très bien accueillir une troisième oreille ou un appareil sensoriel d'un genre nouveau — un sonar par exemple, à l'instar des chauves-souris, qui nous apporterait des informations différentes de tridimentionalitées.

Notre vision ne nous procure que de manière imprécise une évaluation des distances, sans compter l'obstacle majeur que représente l'obscurité. On peut imaginer que ce nouvel outil sensoriel, en nous permettant d'évaluer plus précisément notre environnement, serait notamment utile sur les routes pour nous aider à évaluer nos distances de freinage et éviter bien des accidents.

On ne peut donc pas dire que cet homme enrichi d'un nouvel appendice serait moins évolué que nous. Et pourtant il pourrait être accueilli comme un mutant — voir un monstre —, un être nécessairement diminué par le fait de ne pas être « homme ».

Mais peu à peu, nous avons pris conscience de nos limites sans nous y résigner. Notre quotidien est même consacré en grande partie à repousser ces limites.

Combattre la maladie, la mort, la faim, améliorer nos communications, nos moyens de transport mobilise notre vie.

Que ferions-nous si nous étions immortels, n'avions jamais faim, rendions nos communications et notre téléportation instantanées ?

Ainsi, nous ne nous satisfaisons pas de ce que nous sommes devenus. Bien au contraire, nous ne cessons de combattre notre nature, de tenter de l'améliorer, de la corriger, de « l'augmenter »...

Chapitre 2

L'Homme perdu dans le temps et l'espace

Bien seuls sur terre ?

La révolution darwinienne, qui ébranla une représentation « fixiste » de l'évolution animale, remit en cause l'idée même d'un dessein intelligent dans l'évolution et d'une certaine singularité de l'espèce humaine[11]. Cette dernière se modifie comme le vivant qui l'entoure avec les mêmes règles du jeu, bousculée au grès du temps et de l'environnement.

L'homme est donc bien seul. Ses parents ne lui ressemblent pas, ses grands-parents n'étaient qu'un estomac, il est perdu dans l'univers et se sent abandonné.

Néanmoins, l'analyse de notre passé et l'exploration du cosmos nous a récemment relié d'une manière intéressante au monde qui nous entoure : nous sommes tous poussières d'étoiles[12].

Le fer de notre sang, mais aussi les autres éléments lourds qui nous constituent, ont été fabriqué par le cycle de vie et de mort des générations précédentes d'étoiles. Lorsqu'elles meurent et explosent sous forme de Supernovae, elles essaiment les atomes de l'inerte et du vivant dans le cosmos, éléments qui n'existaient pour ainsi dire pas au moment du Big Bang[13].

Cela ne vous console pas ?

Notre quête de sens nous conduit parfois à désespérer, à faire le constat pessimiste qu'il n'y a précisément aucun sens à notre humanité et que tout cela n'est que le fruit du hasard et des contingences.

Il est bien évidemment difficile à ce jour de répondre à cette question de manière optimiste, sans faire appel à la foi ou à une pensée humaniste qui au minimum grandit l'humain en le responsabilisant.

Ceci nous poussera dès les prochaines décennies à insatiablement rechercher la vie dans l'univers, un frère, un cousin avec qui nous pourrions en quelque sorte partager notre chagrin. Pour ce qui est de

---

[11] C. Stoll, Histoire des idées sur l'évolution de l'homme: Du fixisme au transformisme et à l'évolution humaine L'homme a une histoire, Editions Universitaires Européennes, 2015

[12] http://www.canalacademie.com/ida4327-Hubert-Reeves-Nous-sommes-tous-des-poussieres-d-etoiles.html

[13] http://www.theatlantic.com/video/index/370784/we-are-dead-stars/

trouver « une deuxième humanité » telle que nous la connaissons il y a une possibilité qui n'est pas mince que nous soyons déçus.

La vie ailleurs ?

Contre le pari de Pascal, en matière d'extra-terrestres on peut opposer le paradoxe énoncé par Enrico Fermi, prix Nobel de physique de 1938.

L'Univers est tellement grand qu'il devrait héberger d'innombrables civilisations extra-terrestres.

Si oui, où sont-elles ? Pourquoi ne nous rendent-elles pas visite ?

Ce paradoxe peut être expliqué de plusieurs façons — environ cinquante — classées par Stephen Webb dans son ouvrage « Where is Everybody [14]» en trois catégories principales :

— Les extra-terrestres existent et nous visitent. Cette hypothèse serait attestée par le phénomène OVNI, ou par les différentes traces laissées par leur passage (lignes de Nazca, pyramides mayas). D'autres théories s'affrontent, comme « la panspermie » (les humains sont des extra-terrestres), ou les hypothèses du zoo, de la « réserve protégée » ou de l'apartheid cosmique (la Terre et ses espèces vivantes seraient rendues intouchables par les civilisations extra-terrestres en raison d'un traité galactique…)

— Ils n'existent pas : notamment en raison des conditions drastiques qui conditionnent la vie telle que nous la connaissons. La planète doit être suffisamment massive pour retenir une atmosphère et dans une fourchette de température favorable, c'est à dire ni trop près ni trop loin de son étoile, dont la taille doit également être bien ajustée. La planète doit être tellurique, arrosée de rayons gamma, entourée d'oxygène, d'ozone, d'eau, dotée d'une tectonique, etc. Par ailleurs, même si la vie existe, de sérieuses conditions sont nécessaires pour que l'intelligence puisse atteindre un stade de développement compatible avec une quelconque volonté d'exploration et de communication.

— Ils existent, mais n'ont pas encore communiqué. Les explications de cette absence de contact sont là encore nombreuses. Tout d'abord, rappelons que dans l'histoire du cosmos ramené à une année de 365 jours nous sommes présents depuis 4 minutes et en capacité de

---

[14]   Stephen Webb, If the Universe Is Teeming with Aliens … WHERE IS EVERYBODY?: Seventy-Five Solutions to the Fermi Paradox and the Problem of Extraterrestrial Life, Springer, 2015

communiquer depuis quelques secondes ! La probabilité pour que nous soyons attentifs au même moment dans l'espace-temps est donc plutôt mince. Les voyages interstellaires peuvent être difficiles (on en sait quelque chose). Il peut aussi y avoir des problèmes de communication, c'est-à-dire de détection ou d'interprétation du signal. Par ailleurs, on ne peut exclure un refus ou l'impossibilité de communiquer. Enfin la dernière hypothèse, serait que les civilisations ont tendance à disparaître avant d'atteindre une maturité suffisante, victimes d'une surpopulation, d'un « hiver nucléaire », bactériologique ou chimique...

Cette dernière hypothèse, moins réjouissante, part du principe — en ce qui nous concerne, vérifiable d'une certaine manière — que les civilisations intelligentes auraient tendance à n'exister que de manière éphémère ou à s'autodétruire. Autrement dit et selon Lipunov[15], chaque civilisation a un temps de vie limité par des facteurs qui lui sont spécifiques.

Si E.T. n'est pas là, c'est probablement parce qu'il est mort avant de pouvoir partir et que la durée de vie des sociétés hautement technologiques est trop faible pour leur laisser le temps de développer un programme d'exploration galactique...

Ainsi pour notre part, aurons-nous le temps d'explorer le cosmos, de le coloniser avant même que la planète ne souffre d'une surpopulation épuisant toute ressource ?

Ne serons nous pas rattrapés par une nouvelle ère d'extinction à la faveur d'un virus, d'une bactérie, d'une météorite ou de notre propre cupidité ?

Si la solution sera pour l'homme, un jour, de migrer vers un environnement qu'il lui soit favorable, les différents modèles de colonisation proposés jusqu'alors ne lui sont pas franchement favorables... Nous reviendrons sur ce point fondamental dans la troisième partie.

Ainsi nous y voilà, ni plus ni moins poussières d'étoiles d'un coin de l'univers, seuls et solidaires de tout ce qui nous entoure, vivant et inerte, à chercher des réponses en adaptant notre fragile humanité, en perpétuelle évolution.

---

[15] V.M. Lipunov, On the Problem of the Super Reason in Astrophysics, Astrophysics and Space Science, vol 252, p. 73-81, 1997

Chapitre 3

L'adaptabilité, clé de l'évolution

Lorsque Charles Darwin rédige la première édition de L'Origine des espèces[16], il décrit certes avant tout la sélection naturelle et l'évolution des espèces, mais il précise une idée fondamentale : l'humanité telle que nous la connaissons n'en est pas au stade final de son évolution, mais plutôt à une phase de commencement.

Ainsi, nous continuons et continuerons à nous modifier, avec la nécessité de sans cesse nous adapter, pour survivre.

L'adaptation est la principale force motrice de l'évolution. C'est une caractéristique physique ou comportementale qui permet à une espèce animale ou végétale de survivre dans son milieu.

Elle est la résultante de la rencontre incessante de deux forces anonymes : d'une part, d'innombrables variations aléatoires qui se produisent dans l'anatomie et par conséquent la génomique des individus ; d'autre part, l'environnement, qui en soumettant les mutations à l'épreuve du temps, déterminera si elles seront conservées ou éliminées.

Ceci se fera essentiellement en fonction des avantages qu'elles présentent ou non pour la survie de l'espèce dans son milieu. Une adaptation est considérée comme réussie si l'organisme la transmet à sa descendance.

Darwin y voit la force créatrice du hasard aveugle et de la nécessité.

Il existe deux principales formes d'adaptation : l'adaptation physique et l'adaptation comportementale.

---

[16] http://www.talkorigins.org/faqs/origin.html

L'adaptation physique

Quand le milieu exige d'une espèce qu'elle transforme son apparence ou ses organes pour sa survie, on parle d'une adaptation physique.

Il ne manque pas d'exemples incroyables dans l'évolution du vivant qui attestent des merveilles de l'adaptabilité physique.

L'une des plus remarquables adaptations physiques chez les animaux est la forme du bec chez les oiseaux. En effet, on peut facilement déduire le régime alimentaire d'un oiseau simplement en regardant son bec. Par exemple, l'oiseau insectivore possède un bec plutôt large et pointu, ce qui lui permet de se nourrir d'insectes en vol. D'autres insectivores, comme le pic, peuvent creuser dans l'écorce des arbres pour y saisir des insectes. L'oiseau granivore, quant à lui, possède un bec court, large et très puissant, ce qui lui permet d'exercer une forte pression afin de briser les graines.

La forme des pattes et la dentition sont d'autres exemples d'adaptabilité, de clés de survie des espèces dans leurs milieux.

Le mimétisme est un autre exemple d'adaptabilité qui confère à une espèce la capacité d'imiter une caractéristique de l'environnement ou d'une autre espèce animale. Très souvent, les espèces imitées sont non comestibles ou dangereuses pour le prédateur.

Le camouflage est un autre type d'adaptation physique qui donne la capacité à un animal de se confondre avec son environnement. C'est un peu comme s'il utilise un déguisement qui lui permet de se cacher des prédateurs. Il peut aussi être utilisé par un prédateur qui veut s'approcher de sa proie sans être repéré. Le caméléon est l'un des exemples les plus connus du camouflage. Son corps est recouvert de petites cellules pigmentaires, appelées chromatophores, qui lui permettent de mieux se fondre dans son environnement.

Attardons-nous sur deux exemples précis de camouflages de mammifères. Le premier concerne les rayures du zèbre. Si celles-ci ont été sélectionnées au cours de l'évolution de ces animaux, c'est qu'elles auraient pour vertu de repousser les mouches piqueuses comme les tabanidés (une famille d'insectes comprenant diverses espèces de taons) et les mouches tsé-tsé. C'est en tout cas ce que suggère une étude publiée en 2014 dans la revue Nature Communications[17].

Pour parvenir à ce résultat, le zoologiste américain Tim Caro (Université de Californie à Davis, États-Unis) et ses collègues ont comparé les aires géographiques du continent africain dans lesquelles se distribuent les zèbres (mais aussi d'autres mammifères ongulés, comme les chevaux et les ânes) avec les zones dans lesquelles sévissent les mouches piqueuses. Plusieurs autres paramètres ont également été pris en compte, comme la présence de grands prédateurs, la végétation ou encore la température.

Or parmi tous les paramètres pris en compte, seule la présence de mouches piqueuses s'est avérée être corrélée avec la répartition géographique des zèbres.

Si les rayures sont si efficaces dans la lutte contre les piqûres d'insectes, pourquoi donc les autres mammifères ongulés vivant en Afrique ne possèdent-ils pas eux aussi des rayures sur leur pelage ? Selon les auteurs de l'étude, ce phénomène s'explique par le fait que les zèbres possèdent des poils plus courts que leurs cousins, ce qui les rend plus vulnérables aux piqûres des mouches. Une dernière question demeure : pourquoi les surfaces rayées auraient-elles un effet répulsif sur les mouches ? En réalité, il est connu depuis longtemps que les rayures ont tendance à repousser ces insectes, mais ces raisons sont encore mal connues.

Ainsi, ce type de camouflage, de protection, aurait assuré la survie du cheval dans un environnement où il aurait été contraint d'habiter, vraisemblablement rapidement chassé du nord par la dernière ère glaciaire. Décimé par la mouche tsé-tsé ou d'autres prédateurs, il aurait dû sa survie à quelques mutations morphogéniques pigmentaires, plus « probables » et plus rapides qu'une adaptation immunologique qui aurait pris trop de temps...

L'autre exemple concerne l'ours polaire. Les origines de son émergence restent obscures, mais elles coïncident avec un réchauffement du climat durant 50.000 ans lors de la dernière période interglaciaire.

Les changements qui sont alors intervenus dans l'environnement pourraient avoir encouragé les ours bruns à s'aventurer plus au nord. Quand cet épisode de réchauffement a pris fin et que la période

---

[17]   T. Caro et al, The function of zebra stripes, Nature Communications 5, Article number: 3535, 2014

glaciaire est revenue, il est possible que des groupes d'ours bruns se soient retrouvés prisonniers des glaces. Ils auraient alors été contraints de s'adapter rapidement à ce nouvel environnement et notamment à leur manque de discrétion à l'approche de leur proie.

Ainsi l'adaptabilité est venue là encore de mutations morphogéniques ayant permis l'émergence il y a moins de 500.000 ans de l'ours blanc, bien plus discret. Mais cet avantage n'était pas suffisant. Encore fallait-il qu'il puisse se protéger du froid et gérer son approvisionnement en eau douce. Les ours polaires vivent la plus grande partie de leur existence sur la banquise, où ils subsistent grâce à une nourriture très riche en graisse, provenant essentiellement de mammifères marins.

L'analyse génomique comparative des ours bruns et polaires a ainsi permis de trouver plusieurs mutations du gène APOB qui, chez les mammifères, code la principale protéine du LDL (low density lipoprotein), le mauvais cholestérol.

Ces mutations révèlent l'importance critique de la graisse dans l'alimentation de l'ours polaire. Son organisme doit s'adapter à des taux élevés de glucose dans le sang et de triglycérides — dont le cholestérol —, qui seraient dangereux chez les humains.

La graisse compte jusqu'à la moitié du poids d'un ours blanc. Mais ces mutations du gène APOB, qui jouent apparemment un rôle clé dans l'adaptation arctique de cet animal, permettent également, en métabolisant la graisse, d'obtenir de l'eau douce.

Ces ours n'ont presque pas accès à l'eau buvable sur la banquise et, sans ce mécanisme de transformation de la graisse, leur organisme ne pourrait pas satisfaire ses besoins en eau.

L'évolution de ce nouveau métabolisme chez l'ours polaire s'est apparemment produite très rapidement, en seulement quelques centaines de milliers d'années, puisqu'un fossile d'ours polaire datant de 100.000 ans, découvert récemment, montre que ces animaux se nourrissaient déjà de mammifères marins[18].

Ces adaptabilités physiques traduisent de longs processus génétiques de modifications résultants de mutations positives qui sont venues enrichir et favoriser une lignée plutôt qu'une autre. La mutation permettant à un oiseau insectivore de posséder un bec un peu plus

---

[18]   K.Vogan, Polar bear genomics, Nature Genetics 46, 532, 2014

long et pointu que son voisin, lui donne un avantage à trouver de la nourriture. Cet avantage assure à sa lignée, par exemple en cas de famine, statistiquement, des chances de survie supplémentaires.

On peut trouver cela injuste. On peut aussi imaginer que cet avantage involontaire, donné par la génétique au grès des mutations — et non du mérite — ne favorise pas l'intelligence.

L'insectivore au petit bec devra être bien malin pour survivre. Son ingéniosité est stimulée.

Sa principale difficulté sera de transmettre le fruit de son expérience à sa descendance.

L'adaptation comportementale

À cela s'ajoute l'adaptation comportementale. Elle fait référence à un comportement qui permet à une espèce de survivre dans son milieu. Certains de ces comportements sont innés alors que d'autres seront acquis. Aujourd'hui avec le réchauffement climatique dans l'Antarctique, les ours bruns remontent vers le Nord et certains se reproduisent avec des ours blancs pour donner naissance à des « pizzlies », issus de croisements entre grizzlys et ours blancs[19]. L'adaptabilité sous nos yeux...

Les techniques de chasse sont chez les animaux un autre exemple d'adaptabilité comportementale.

Chez les loups, les membres de la meute vont chasser en bande. De cette façon, ils augmentent le taux de réussite de leur chasse et peuvent également s'attaquer à des proies beaucoup plus imposantes qu'eux. Des tactiques de chasse semblables sont utilisées par plusieurs autres animaux comme la hyène et le lion.

Ce type d'adaptabilité vise également à pallier des carences physiques qui pourraient compromettre la survie de l'espèce dans son milieu naturel.

L'hivernation, l'hibernation et la migration sont des exemples de réponses comportementales de certaines espèces à leur environnement. La régulation thermique du corps est un autre exemple. Elle peut être problématique pour les animaux à sang froid comme les serpents et les lézards. Ils vont alors adopter plusieurs comportements leur permettant de maintenir leur corps à une température appropriée. Ils peuvent alterner d'un endroit au soleil à un endroit à l'ombre, comme sous un rocher, afin de contrôler leur température corporelle. Certaines espèces vivant dans le désert vont même s'enfouir dans le sable pendant le jour pour se protéger de l'accablante chaleur et sortir la nuit pour se nourrir.

Mais un des meilleurs exemples d'adaptation comportementale est celui des animaux domestiques. Ce comportement est avantageux pour ces animaux, car il leur a assuré une existence continue, alors

---

[19] http://news.nationalgeographic.com/news/2010/12/photogalleries/101215-pizzly-grolar-bear-polar-grizzly-hybrids-nature-arctic-global-warming-pictures/

41

que beaucoup d'animaux qui n'ont pas réussi à s'adapter à la présence d'êtres humains se sont éteints.

Toutefois, il convient de noter qu'il existe une différence entre une adaptation du comportement et un comportement appris.

Les adaptations comportementales doivent être inhérentes à l'animal, alors que des comportements appris sont enseignés. Par exemple, la capacité d'un chat à chasser est considérée comme une adaptation du comportement parce que les chats savent chasser sans l'aide d'un autre chat.

Toutefois, la capacité d'un être humain pour fabriquer des outils est considérée comme un comportement apprit, parce que les humains ne savent pas comment faire cela sans être enseigné par un autre être humain. Ce n'est pas une caractéristique qui nous est propre, mais nous avons développé la transmission du savoir d'une manière particulière par l'acquisition du langage, puis de l'écriture et enfin d'internet.

C'est bien, mais est-ce suffisant ?

L'adaptabilité, fruit de l'évolution génétique aussi intéressante soit-elle, est tout de même particulièrement inefficace ! Le cimetière des espèces disparues est bien vaste : sur les 50 milliards d'espèces qui auraient vécu sur Terre, il en reste actuellement 30 millions, dont la durée de vie moyenne est estimée à 100 000 ans.

En 40 ans, la terre a perdu la moitié de ses populations d'espèces sauvages[20]. Même si les activités de l'homme sont en grande partie responsables, on ne peut que constater l'échec de la génétique à proposer des solutions permettant une survie sinon pérenne du moins durable. Combien de mutations génétiques — qui sont donc des erreurs ! —, combien de générations d'ours bruns, de chevaux, a-t-il fallu sacrifier pour arriver à obtenir les bonnes clés de la survie, ouvrant l'existence à l'ours blanc et au zèbre !

Notre regard sur la course à l'adaptabilité est biaisé. En étant positionnés sur la ligne d'arrivée — de l'étape ! —, nous ne voyons pas les espèces ayant chuté en chemin.

Laisser « l'évolution naturelle » s'occuper du problème de notre adaptation, c'est en confier la responsabilité à un mécanisme qui a échoué dans 98 % des cas…

L'homme a très vite subodoré qu'il ne pourrait compter sur ce processus génétique lent, stimulé par le hasard, au grès des pressions de l'environnement.

Par sa capacité à transmettre à ses congénères, à pallier à ses déficiences, à corriger ses faiblesses pour retrouver l'avantage, l'homme a jusqu'ici non seulement survécu, mais également su maitriser son environnement plus rapidement qu'aucune autre espèce vivante.

Dès son plus jeune âge, l'homme s'est senti frustré par ses limites. C'est cette conscience qui est le moteur de ses incessantes innovations.

---

[20] http://www.lemonde.fr/planete/article/2014/09/30/la-terre-a-perdu-la-moitie-de-ses-populations-d-especes-sauvages-en-quarante-ans_4496200_3244.html

Ainsi la première fois qu'il a saisi une pierre aiguisée pour couper une viande, il a cherché à pallier l'inefficacité de ses mains ou de ses dents.

Il s'agissait d'ailleurs déjà d'un homme augmenté — augmenté de la précision et de la force de découpe d'une pierre — innovation « technologique » qui lui aura probablement été beaucoup plus utile au regard de l'histoire que des « Google Glasses »...

L'homme cherche donc indéniablement depuis la nuit des temps à contrôler son évolution, à dépasser et s'affranchir d'une certaine pression évolutive darwinienne.

La conscience de lui-même et de son environnement a bouleversé un processus qui n'allait pas assez vite pour lui.

Non, l'homme n'attendra pas qu'un sonar lui pousse sur le front, à force de générations de mutations, il le construira lui même et finira comme il est en passe de le faire, par l'intégrer dans ses voitures avec autopilote.

Si cette transmission de savoir est une des clés majeures de l'évolution et de la survie, l'avènement d'internet représente une révolution, une accélération vertigineuse d'un processus maîtrisé par l'homme, qui à l'échelle du cosmos était déjà rapide.

L'escargot de l'adaptabilité vient de monter dans un TGV, et nous en sommes tous les témoins vivants. Quelle époque !

Cependant, c'est également la vitesse qui transforme notre regard face à nous-mêmes. Le temps de l'analyse et de la réflexion se font rares, toute vérité devient très vite inexacte, les dogmes parfois rassurants n'ont plus le temps d'exister et l'homme déjà bien seul dans l'univers se cherche une nouvelle âme...

Chapitre 4

L'Homme, perdu face à lui-même

L'Homme a-t-il égaré son âme ?

C'est bien le problème de savoir d'où l'on vient, sans savoir où l'on va. En l'espace de quelques centaines d'années, l'Homme s'est débarrassé de Dieu ou même d'une pensée laïque qui plaçait tout de même l'esprit — ou l'âme — au-dessus du corps.

En effet pour Sénèque, Platon, Saint Paul, Aristote, Saint Augustin ou Descartes, quels que soient les époques ou les courants de pensée, avant d'être un corps, l'Humain avait une âme, qui le caractérisait par rapport au reste du vivant et lui conférait selon les cas, esprit, intelligence, savoir, morale éthique ou politique.

Il existait ainsi trois types d'âmes.

La première que l'on trouve chez Aristote et les penseurs chrétiens correspond à un principe immortel, purement spirituel. Si la chair disparait, l'âme fait l'essence même de l'homme, lui survit et le définit.

Le deuxième type que l'on retrouve chez Aristote, c'est l'âme « forme du corps », principe organisateur du vivant. Que ce soit pour les plantes ou les animaux, ils possèdent une âme qui organise croissance et fonctions du vivant. Il la distingue de « l'âme intellective », capable de raisonner et propre aux humains.

Le troisième type d'âme, que l'on retrouve chez Epicure est celle des matérialistes. Elle est un élément naturel du corps humain, là pour le conduire, reste même supérieure, mais disparait avec lui.

Ainsi, quels que fussent les clivages entre idéalistes et matérialistes, la supériorité reconnue de l'âme pensante qui définit l'humain était reconnue.

Le Siècle des lumières ne remet pas cela en cause. Même un matérialiste convaincu comme Diderot, rédacteur de l'article « Homme » dans son Encyclopédie, définit toujours notre être comme « composé de deux substances, l'une qu'on appelle âme, l'autre connue sous le nom de corps ».

Mais depuis quelques générations, le corps reprend le dessus au point de rendre l'âme encombrante. Schopenhauer et Nietzsche rétablissent devant la pensée le règne des instincts, du corps et la domination de la volonté aveugle de la nature.

L'Amour n'est qu'un leurre sécrété pour assurer notre reproduction.

Hormones et phéromones deviennent les véritables penseurs. Elles se vendent sur internet bien mieux que les nourritures spirituelles. Celles-ci retrouvent d'ailleurs leur sens littéral, en devenant des paquets vitaminiques ou d'oligoéléments.

Notre corps deviendrait ainsi « une grande raison » habitée d'énergies disparates et de capacités insoupçonnées qui ne demandent qu'à être cultivées, modelées, boostées, transformées…

La porte est ouverte au transhumanisme. Et puisqu'il faut bien croire, voici venue l'heure du scientisme.

Le dogme du scientisme

Le scientisme est une croyance issue du positivisme qui consiste à reporter sur la science les principaux attributs de la religion. C'est le biologiste Félix le Dantec qui lança ce mot dans un article paru en 1911 dans la Grande Revue. « Je crois à l'avenir de la Science : je crois que la Science et la Science seule résoudra toutes les questions qui ont un sens ; je crois qu'elle pénétrera jusqu'aux arcanes de notre vie sentimentale et qu'elle m'expliquera même l'origine et la structure du mysticisme héréditaire anti-scientifique qui cohabite chez moi avec le scientisme le plus absolu ».

Le scientisme se fonde ainsi sur une entière confiance dans l'application des principes et des méthodes de la science expérimentale dans tous les domaines. Il considère que la science satisfait l'ensemble des aspirations de l'intelligence humaine et qu'elle permettra de répondre, à plus ou moins long terme, à tous les besoins de l'humanité. Pour chaque problème, le scientisme estime qu'il existera une solution rationnelle qui s'imposera sans que la volonté, le désir ou la subjectivité des personnes concernées ne puissent influer sur le débat.

Oubliez Dieu. C'est une question de temps avant que la science n'ait sa peau. D'ailleurs, la pensée n'est plus au service de l'esprit, mais tournée vers l'amélioration de l'être et donc du corps, par la technique, les sciences fondamentales, ne devenant que fondamentalement accessoires.

Tous les grands collectivistes planificateurs (Saint-Simon, Auguste Comte, Marx, Lénine, etc.) furent des scientistes qui voulaient remplacer le gouvernement des Hommes par le gouvernement des choses, pensant naïvement que l'étude scientifique révélerait la Vérité, pourvu que l'on apprît à décrypter le « livre de la nature »…

Qu'importe la leçon de l'Histoire, nous y voilà revenus et pour de bon.

Tom Cruise peut être l'objet de tous les quolibets du monde pour son engagement scientiste, il n'en reste pas moins que l'humanité s'est engagée sur cette voie d'une façon qu'il ne faut pas négliger.

La fétichisation des chiffres

Ce scientisme va de pair avec une autre croyance : celle du « plus, c'est mieux ». On assiste ainsi, en particulier depuis les cinquante dernières années, à une obsession du record à battre.

Dans le sport, en partie dénaturé par les Jeux olympiques modernes, qui ont fait de la performance la mère de toutes les vertus… et de tous les dopages.

« L'esprit sportif » quitte les terrains, aussi vite que notre esprit nous abandonne. La tricherie, la simulation deviennent pour certains une option, pourvu que le résultat et le chiffre soient au rendez-vous.

En médecine, l'allongement de la durée de vie, voire de survie avec la maladie devient un objectif, reléguant la question de la qualité de vie bien souvent au second plan.

Nos médias, naissent et meurent chaque jour selon l'audimat, le contenu des programmes, leur éventuelle utilité n'étant plus une fin en soi.

La finance met l'industrie au diapason du « chiffre pour le chiffre », de l'objectif de rentabilité à deux chiffres qui plombent les investissements et tuent la poule aux œufs d'or.

Ceci sévit également en politique avec les sondages, les taux de croissance et de chômage qui commandent parfois des réactions à court terme, des décisions électoralistes.

Il n'y a plus de place pour le temps, qui se contracte et s'efface devant l'importance du résultat immédiat, de l'objectif chiffré.

Laurent Jeanneau et Antoine de Ravignan, dans un hors série d'« Alternatives économiques [21] » en donnent un exemple parlant : « les Objectifs du millénaire pour le développement des pays pauvres. Pour atteindre en 2015 comme annoncés ces objectifs en matière d'accès à l'eau, à l'éducation, etc., nous avons, à la manière soviétique, "fait du chiffre", au détriment de la construction lente et patiente d'infrastructures de qualité. Si les indicateurs retenus s'améliorent, l'observation du terrain indique une réalité très

---

[21]   Laurent Jeanneau et Antoine de Ravignan
        Alternatives Economiques Hors-série n° 102 - octobre 2014

différente. Il en va finalement des chiffres de l'économie comme de la musique : déchiffrer une partition, ce n'est pas l'interpréter. »

Le triomphe du corps et de l'individualité ?

Salles de sport, soins amaigrissants, crèmes re-ceci ou de-cela, bains modelant, rameurs, tapis, chirurgie esthétique ou bariatrique, pilules ou tisanes détox…

Un esprit sain dans un corps sain. Et si le corps n'est pas sain ? Perdu !

Pensez-vous qu'on aille étudier Saint Augustin ou la relativité dans les centres de bien-être ? Au contraire, on y va pour s'oublier, s'affranchir de l'esprit qui n'est que souffrance et ne garder que le corps, heureusement. La beauté physique ne renvoie plus à la beauté morale, elle se suffit à elle même. Elle, au moins, peut se mesurer, s'admirer.

La vie saine et sportive est partout, du soir au matin. Elle est notre guide, notre rédemption. La science nous le dit. Pour être bien, être mieux et plus que mieux il faut ne pas fumer, ne pas boire, ne manger ni trop gras, ni trop salé, ingurgiter — de force ! — cinq fruits et légumes par jour, faire quinze milles pas ou quinze étages (en commençant par les trouver).

Être vigilant, se surveiller, se barder de capteurs en tout genre, se monitorer, sont en train de devenir une nécessité.

On assiste ainsi ces dernières années à une explosion du marché du « mieux me connaitre ». Nous sacrifions ainsi bien volontiers notre liberté aux balances connectées avec courbe de poids, IMC, rappels sur iPhone en cas d'objectifs non atteints, coaching numérique… Les traceurs d'activité deviennent nos compagnons.

Il faut savoir faire des concessions et souffrir pour être beau.

Et puis un jour souffrir de ne plus l'être.

Car malheureusement le corps vieillit, s'essouffle, se fane et se meurt. Les traceurs vireront au rouge. Ainsi le salut du corps qu'on espérait et pour lequel on a tant lutté quoique l'on fasse, n'arrivera jamais. Comme le dit Isabelle Quéval, chercheuse au CNRS à l'Université Paris V : « On peut parler d'une néoculpabilité. Je sais mille choses qu'il faudrait faire pour me maintenir, je suis plus libre de mes actes que jamais dans les générations antérieures, mais je suis aussi responsable. Potentiellement je serai coupable de manquer ma vie, de ne pas parvenir à l'existence longue. La maladie ou la mort précoce risquent d'être ma faute ! [22] »

L'écoculpabibilité

Il est intéressant de constater que cette culpabilité, l'homme ne la retrouve pas seulement face à lui-même, mais aussi face au monde qui l'entoure, le lieu du « vivre ensemble ».

C'est ainsi que s'est développée l'écologie, qui étymologiquement signifie l'« étude de la maison » et au sens large désigne bien plus qu'une habitation, à savoir l'espace familier où se développe l'existence, où l'on grandit, habite et vit. En prenant conscience de lui-même et de sa place dans l'univers, l'homme s'est vu témoin, puis reconnu responsable des changements de son environnement.

Longtemps jugée pleine de ressources infinies, la nature s'est révélée limitée et épuisable.

D'un homme faible et menacé, cherchant par sa ruse et son intelligence à se protéger d'une nature hostile, rude et sans pitié, notre image est progressivement devenue celle du grand coupable, responsable d'une nouvelle ère d'extinction massive des espèces, grand pollueur d'une nature fragile et démunie.

Il devient essentiel de protéger la nature contre l'humain.

Cependant, à l'échelle de l'histoire, cette idée que l'humain puisse détruire le monde terrestre et ainsi se détruire lui-même est très récente. Elle puise en partie son origine dans le traumatisme des bombes nucléaires, et s'est renforcée progressivement par des signaux d'alerte, puis des analyses objectives que plus personne ne conteste.

Mais le monde n'en est pas encore à se féliciter de son génie pour avoir trouvé des solutions durables. Nous en sommes juste à regarder tout honteux, nos traces pleines « d'empreintes carbones » et à nous maudire d'être entré dans « la maison terre » pour tout salir.

Beaucoup condamnent ainsi pêle-mêle l'industrie, les sciences, toutes les interventions humaines et plus généralement le progrès, en appelant à une salutaire « décroissance ».

C'est cette forme d'écologie antihumaine que dénonce notamment le philosophe Luc Ferry dans ce qu'il appelle « le Nouvel Ordre écologique [23] » : certains considèrent ainsi que comme les humains

---

[22] Humain, M Atlan, R-P Droit, Flammarion, 2014

sont nocifs pour la nature, il faut pouvoir limiter au maximum leurs activités, leur « empreinte » et donc au mieux limiter leur nombre, voir comme pour certains extrémistes, souhaiter qu'ils disparaissent...

Il en faudrait tellement peu pour qu'ils proposent un suicide collectif !

Décidément, de grand premier de la classe, de fils prodige transcendé, à l'aube du 21e siècle, nous voici devenus le cancre paré d'un bonnet d'âne, oublié de Dieu, abandonné dans l'univers, cause et conséquence de tous nos maux, déprimé, à la dérive dans un corps mortel et inconfortable.

[23]   L. Ferry, Le Nouvel Ordre écologique. L'arbre, l'animal et l'homme, Grasset, 1992

Un phare dans la nuit

Pourtant, le tableau ne me semble pas aussi noir qu'il n'y parait.

L'essence même de l'homme reste la raison appliquée aux questions morales. L'homme ne cesse de s'interroger, remettre en question ses choix, débattre et se réorienter.

C'est bien entendu la connaissance qui entraine notre réflexion en soulevant de nouvelles questions d'ordre éthique. Si la procréation médicalement assistée n'avait pas été mise au point, nos sociétés ne se poseraient pas de question sur la fécondation in vitro ou sur la recherche et la manipulation des cellules souches embryonnaires.

Nous sommes ainsi en permanence en tension entre l'humanité qui nous a été donnée et celle que nous sommes en train de créer.

Nous sommes également « humains » lorsque souvent nous le faisons avec empathie.

Dans une civilisation mondialisée et médiatique, la proximité et la connaissance de l'autre ne peuvent que stimuler ce sentiment. Le bout du monde se rapproche toujours plus et nous n'avons plus que des voisins. Les peuples souffrent de moins en moins en étant ignorés.

Bien entendu, cette connaissance ne fait pas tout, mais elle forge une humanité nouvelle qui en ne s'ignorant plus tend vers un nouveau modèle de civilisation.

Ceci ne s'est certes pas fait sans dégâts. Mais au catastrophisme mortifère qui consiste à blâmer l'homme pour tous ses méfaits, on peut opposer le droit « aux erreurs de jeunesse ». Un enfant ne sait pas instinctivement ranger sa chambre, respecter les pages d'un livre qu'on lui aurait mis entre les mains. De même, il ne reposera pas délicatement une cuillère pleine de purée dans son assiette s'il trouve amusant d'en mettre plein la moquette.

Il apprend.

Avec le recul, on peut être fier du chemin parcouru. Pendant ces quelques siècles où l'homme cherchait d'où il venait, il a découvert et appris à maîtriser les quatre forces qui régissent l'univers connu :

— La gravité, qui nous retient sur la Terre, empêche le Soleil d'exploser et les planètes de fuir.

— La force électromagnétique, qui illumine nos villes, fait fonctionner nos ordinateurs et a rendu internet possible.
— Les deux dernières étant les forces nucléaires faible et forte qui assurent la cohésion des atomes et de notre corps, faisant briller les étoiles et les yeux qui les admirent.

En trente ans, l'Homme a su faire le diagnostic de son impact négatif sur l'environnement, a su dialoguer, expliquer et commence à chercher des solutions. Il a compris que son évolution et sa survie en dépendaient. Certes, il n'est plus au centre de toutes les attentions, mais il est partout.

Conçu de la même matière que tout ce qui l'entoure, vivant et inerte, il n'est pas seul. Né des étoiles, comme un amas de poussières de fée, il est la conscience, le témoin et le gardien du monde qui l'entoure.

La fragilité de notre position dans l'univers nous transforme. Elle est même à l'origine de ce que certains appellent « l'éthique de la vulnérabilité [24]» : tout ce qui nous entoure est amené à disparaître si nous n'y prenons garde. Nous ne sommes plus au sommet de la création, mais nous en sommes les gardiens. Personne ne nous viendra en aide, tout comme personne ne veillera sur la beauté de notre planète à notre place.

Notre vision même du vivant s'est transformée avec la connaissance. Nous ne nous demandons plus au sujet des animaux s'ils peuvent raisonner ou parler, mais simplement s'ils peuvent souffrir. Au lieu de regrouper les êtres pensants-parlants, notre identité se transforme, et nous ouvrons désormais la porte à tous les vivants sensibles, capables de souffrance.

Nous nous interrogeons de plus en plus comme Tristan Garcia[25] ou Martha Nussbaum[26], sur le droit à la vie des animaux qui est aussi un droit au développement de leurs capacités.

Cette sensibilité au monde qui nous entoure me fait penser que l'hyperindividualisme tant reproché à l'homme de notre temps n'a pas que des défauts.

---

[24]   C. Peluchons, Eléments pour une éthique de la vulnérabilité, PUF, 2011
[25]   Tristan Garcia, Nous, animaux et humains. Actualité de Jeremy Bentham, Bourin, coll. Philosophie, 2011
[26]   Martha Nussbaum, Frontiers of Justice, Oxford University Press, 2007

C'est aussi le temps de l'introspection : quels sont réellement mon rôle et ma responsabilité dans l'évolution de ce fatras moléculaire du vivant ?

L'hyperconnection crée l'hypersensibilité : quand il n'est plus possible de cacher la réalité, il faut l'affronter. Le commun engendre l'empathie.

Aimé Césaire, développait cette idée, selon laquelle ce que l'homme moderne a pu faire aux plus faibles, il l'a subi en retour.

Plus que jamais l'homme se sent responsable. Il a grandi. L'humain est devenu un Homme. Fragile, romantique et bavard, il se trompe souvent, défait et recommence. Il découvre son chemin. C'est aussi cela l'adaptabilité.

Il est facile de faire le pari pascalien qu'il arrivera à suivre sa voie !

Partie 2

Quels chemins construisons-nous ?

« Ce n'est pas le plus fort de l'espèce qui survit, ni le plus intelligent. C'est celui qui sait le mieux s'adapter au changement »
    Charles Darwin

« Nous sommes faits de l'étoffe de nos rêves »
    Shakespeare

Se poser cette question sous-entend que nous pouvons définir un but, un objectif à l'existence, que l'humanité se donne à atteindre. Nous reviendrons longuement sur cette question dans notre troisième partie, mais pour comprendre les axes de progrès d'aujourd'hui qui amèneront les bouleversements de demain, il faudrait pouvoir esquisser un but du jeu de notre existence. Rien que ça...

Force est de constater que si tout le monde joue, on ne connait pas vraiment les règles, ou l'on ne les a pas apprises de la même façon.

C'est l'histoire d'un athée, d'un bouddhiste, d'un chrétien et d'un communiste qui sont sur le même radeau. Tant que tout le monde n'est pas d'accord sur le fond, on s'en tient à la forme : ramer pour survivre. Et si possible le plus longtemps possible et en bonne santé.

À l'heure où je vous écris, nous en sommes là et probablement pour longtemps.

Ce serait cependant faire preuve d'un manque considérable de vision que de ne voir en l'Homme qu'une machine à survivre, dans le seul but de s'éterniser.

Il est évident que cette « machine » consomme un carburant complexe — que j'appellerai « superplus », fait d'amour, parfois de haine, de rêves ou de plaisirs qui guident assurément son avenir et qu'il n'abandonnera en chemin pour rien au monde.

Et c'est aussi ce carburant qui guide la science. L'homme n'ira pas sur mars ou Titan dans le seul but de fouler du pied quelques cailloux ou faire des ronds dans l'eau. Si la science fondamentale existe même sans la science appliquée, c'est que l'homme trouve un intérêt à rêver d'où il vient pour comprendre où il va.

Le Big Data, les réseaux sociaux, les nanotechnologies puisent bien leur genèse dans l'humanité et non dans un Big Brother venu d'ailleurs pour nous contrôler.

Une vache regardera toujours passer le train sans chercher à monter dedans, car elle ne ressent pas le besoin d'aller en vacances dans le Morbihan.

Si l'Homme trouve, c'est bien que fondamentalement il a un intérêt à chercher.

Bien souvent quand apparait une nouvelle technologie, nous nous questionnons sur son utilité réelle, avec le sentiment que parfois on se crée des besoins. Il est intéressant de voir que sur ce chemin l'homme a déjà laissé de côté quelques impasses. Un triparti même inconscient s'opère entre ce qui contribue profondément à sa survie ou son bonheur et ce qui ne contribue durablement et efficacement ni à l'un ni à l'autre.

Les bracelets connectés sont par exemple vraisemblablement destinés à disparaître. En effet passé la découverte, ces appendices deviennent vite encombrants, voir libertaires, contraignants par leur temps de charge et leur faible service rendu.

Sans discuter de l'intérêt pour l'humanité de se perdre dans ce qui peut paraître spirituellement superflu, voir dangereux, gardons à l'esprit la recette de notre carburant « superplus » qui comme Buzz l'éclair nous guide vers l'infini et au-delà...

Mais n'oublions jamais « qu'au-delà » il n'y a pas toujours que du bon. Il y a aussi « le terrible » et « le monstrueux ».

À peine tournée la page du siècle de la Shoah et du Goulag, il ne faut pas perdre de vue que la science — comme la connaissance — n'est pas nécessairement un rempart contre la barbarie. Bien au contraire. La bombe nucléaire en est l'emblème honteux.

Ainsi la réflexion sur l'utilité d'un objet ou d'une technique ne doit pas masquer celle sur ses conséquences. Nous ne cessons de corriger les nuisances liées à la multiplication des usines, des moteurs ou des transports. C'est en quelque sorte la phase IV de l'expérimentation en pharmacologie, celle qui consiste à découvrir les effets secondaires à plus long terme.

Penser comme le disait mon père « aux conséquences des conséquences » des technologies est un exercice moral que rien ne doit occulter.

Le philosophe Hans Jonas résume ainsi : « Agis de façon que les effets de ton action soient compatibles avec la permanence d'une vie authentiquement humaine sur terre[1] ».

Gardons aussi ça dans un coin de notre esprit avant d'aborder les prochains chapitres...

On peut repérer trois grands domaines d'avancées scientifiques majeures dans les 25 dernières années : la capacité à concevoir et fabriquer des cellules et des tissus, l'informatique et la robotique.

---

[1] Hans Jonas, Le Principe Responsabilité. Une éthique pour la civilisation technologique, Flammarion, 1979

C'est au point de convergence de ces trois domaines que nous puiserons notre adaptabilité au monde qui nous entoure.

Nous subodorons qu'elle devra d'ailleurs s'étendre bien au-delà de notre atmosphère puisqu'il est question de survie.

À condition que nous embarquions toujours notre « superplus »…

Chapitre 1

Survivre et rien d'autre ?

Notre survie n'est pas assurée. Loin de là. Mais ce n'est pas être orgueilleux que d'imaginer pour son existence autre chose qu'une simple succession de lendemains rythmés par la simple nécessité de survie.

Bien au contraire, l'humanité n'a de cesse d'apprendre à connaitre, puis se protéger et enfin s'affranchir de ce qui peut la mettre en péril : la famine, l'environnement (climat, catastrophes naturelles, prédateurs), la maladie, la mort et l'ignorance. C'est ce que j'appellerai « les Big Five ».

C'est ce temps gagné sur celui que nous passions à survivre qui nous a aussi permis de développer les sciences, les arts et la philosophie.

Survivre, déjà pas une mince affaire

Au regard du passé de notre planète, l'étude de la survie des espèces ne plaide pas franchement en notre faveur. La logique serait même, comme nous l'avons vu précédemment, de parier en notre extinction.

Cela a déjà d'ailleurs failli être le cas.

On s'est longtemps demandé pourquoi l'humanité actuelle présentait un patrimoine génétique contenant si peu de variantes alors qu'il était si riche au départ. En effet, aujourd'hui, toutes les sociétés humaines, qu'elles vivent en Afrique, en Europe, en Asie ou en Amérique présentent pratiquement le même patrimoine génétique alors qu'en l'espace de cent mille ans, nous aurions dû obtenir une diversité génétique bien plus abondante du fait des combinaisons génétiques.

Pour Stanley Ambrose, paléoanthropologue à l'Université de l'Illinois, ce serait l'explosion du Super Volcan TOBA de Sumatra il y a environ 74 000 ans qui aurait pu indirectement faire disparaître notre espèce. Cette explosion, en développant autant d'énergie que l'éruption simultanée de 1000 volcans comme le St.Helens, éjecta dans l'atmosphère 3000 km3 de magma et des quantités inimaginables d'acide sulfurique qui atteignirent même le Groenland. Les analyses des carottes de glace révèlent que suite à cette méga éruption, la température moyenne de l'atmosphère a chuté de 3 à 5 °C au cours du millénaire suivant[2]. Cet « hiver volcanique de 6 ans » aurait entraîné un nouvel âge glaciaire de plusieurs milliers d'années, repoussant les survivants de notre espèce à la pointe de l'Afrique du Sud.

Curtis Marean, professeur à l'Institut d'étude de l'évolution humaine et des changements sociaux de l'Université d'État d'Arizona, fait le compte : « Selon les estimations, le nombre de reproducteurs de l'espèce Homo sapiens serait passé pendant le stade isotopique 6 de plus de 10 000 à quelques centaines. Certes, les chiffres varient d'une étude à l'autre, mais la plupart suggèrent que nous descendons d'une toute petite population qui vivait alors en Afrique[3] ».

---

[2]   J. Savino and M. D Jones, Supervolcano, New Page Books, 2007

67

Par la suite bien d'autres menaces pour la plupart infectieuses sont venues remettre en cause notre survie.

La première maladie de grande ampleur fut la peste bubonique, qui ravagea en 541 et 542 des zones de l'Europe moderne, de l'Afrique du Nord et de la Russie, tuant jusqu'à 5 000 personnes par jour au plus fort de la crise.

Elle fut suivie de la peste noire, qui de 1346 à 1350 a frappé l'Europe, le Moyen-Orient, la Russie et l'Asie du Nord, tuant environ 2/3 des malades en quatre jours seulement.

En 1665, elle a refait son apparition à Londres, décimant environ 100 000 personnes, soit près de 15 % de la population londonienne de l'époque.

Puis, durant l'hiver 1918-19, la grippe espagnole, baptisée ainsi, car l'Espagne fut la première à la mentionner publiquement, tua entre 20 et 50 millions de personnes dans le monde, dont 165 000 en France.

Soit plus de victimes que durant toute la Première Guerre mondiale.

La plupart des victimes mouraient de surinfection bactérienne, qui se déclarait au bout de 4 à 5 jours et conduisait au décès une dizaine de jours après les premiers symptômes grippaux, en l'absence d'antibiotiques.

Une étude récente fait l'hypothèse que le virus serait apparu d'abord au Kansas où elle contamina de jeunes soldats américains réunis trois mois dans des camps de formation militaire, avant de traverser le pays et de prendre la mer pour l'Europe[4].

Dans sa quête de survie, l'Homme apprit à maîtriser deux atouts qu'aucune autre espèce n'a jamais réussi à développer : il apprend et transmet.

Par ailleurs, au-delà de sa volonté, de sa capacité à agir sur l'environnement, il ne cesse de se projeter, d'imaginer et de tenter de rattraper son avenir, le plus souvent en rêvant.

---

[3]   www.pourlascience.fr/ewb_pages/a/article-quand-la-mer-sauva-l-humanite-25910.php

[4]   www.pnas.org/content/111/22/8107.full.pdf

Rêver pour se réinventer

D'abord, il faut aimer la science-fiction. Pour Arthur C. Clarke, l'auteur de « 2001, l'Odyssée de l'espace », elle a pour rôle de préparer les hommes à accepter le futur sans douleur et de les encourager à être les plus ouverts possible. « Les hommes politiques devraient lire de la science-fiction, pas des westerns ou des romans policiers ! » affirme-t-il.

Autre figure emblématique de la science-fiction, Isaac Asimov explique que les histoires de science-fiction peuvent sembler insignifiantes aux critiques et aux philosophes, mais que l'essence même de la science-fiction est devenue nécessaire à notre salut. L'enjeu est de souligner que la science-fiction est porteuse de prospectives.

Il est d'ailleurs amusant de constater que tout ce qui dans la série Star Trek pouvait nous faire rêver a soit déjà été réalisé, soit en passe de l'être.

Nous rêvons donc d'un monde qui ne connait plus la faim, dont l'environnement est maîtrisé sans que sa surexploitation nous menace ; un monde sans souffrance, où la maladie peut être soignée, un monde où la mort n'est plus une fatalité.

Immortalité et élixir de jouvence

Depuis bien longtemps, les hommes manifestent une aspiration à l'immortalité.

Les hommes de Cro-Magnon et même de Neandertal enterraient leurs morts avec des fleurs ou des outils et la présence d'ocre dans leurs sépultures a été constatée. Même si cette thèse a été exposée, rien ne permet de déterminer si ces objets étaient placés là en pensant à un éventuel au-delà, ou bien s'il s'agissait plus simplement de marques posthumes d'affection au même titre que nous fleurissons les tombes de nos morts.

Une des plus anciennes mentions de l'immortalité (amrita) (entre 5000 et 1500 av. J.-C.) se trouve dans le 10ème mandala du Rig Veda[5].

L'Égypte des pharaons avait pour sa part son Osiris, pesant le bien et le mal de la vie du mort pour déterminer où l'orienter.

La mythologie romaine postulait également que quiconque se baignerait dans la fontaine de jouvence ou boirait de son eau, accéderait à ce statut si envié et que la déesse Junon s'y plongeait pour y retrouver sa virginité. Les Irlandais parlent quant à eux d'une fontaine qui guérirait les blessés...

La tradition moyen-orientale préislamique évoque aussi une « fontaine de vie », qui aurait été trouvée dans les régions polaires. Alexandre le Grand l'aurait cherchée en vain, lui qui disparut à peine âgé de 33 ans.

Au-delà de la mythologie, les premiers « scientifiques » s'y sont intéressés en tentant de recréer la recette de l'élixir de longue vie, potion vainement recherchée par les alchimistes, boisson légendaire qui aurait la vertu de prolonger indéfiniment la vie ou de conserver la jeunesse.

Nous n'avons pas cherché seulement, par la mythologie, à comprendre comment nous pourrions repousser les frontières de la vie, de la mort, ou accéder à l'immortalité. Cette quête est toujours liée au souci d'exploiter la science dans toutes ses possibilités.

---

[5]   S. Aurobindo, La vie divine 3, Albin Michel, 1973

Le personnage mythologique de Dédale est révélateur à cet égard. Lui, dont le nom signifie en grec « artistement travaillé » ou « astucieux », est connu pour être un inventeur, un sculpteur et un grand architecte, alliant génie esthétique et ingéniosité technique. C'est lui qui a conçu le labyrinthe destiné à enfermer le Minotaure, et qui a donné à Ariane un précieux conseil – le fameux fil – pour s'en échapper. Dédale, c'est aussi celui qui a doté son fils Icare d'ailes de cire pour qu'il puisse voler. Il incarne la techné – la technique – qui vise à gagner une maîtrise sur le monde et qui permet à ceux qui le lui demandent, comme Minos, de s'abandonner à l'hubris, à la démesure, et d'atteindre leurs folles entreprises[6].

En Dédale se profile une science sans conscience : tout ce que la science et la technique peuvent faire, il faut le réaliser.

On retrouve ce même désir de maîtrise dans la Bible, dès la Genèse où l'on peut lire : « Soyez féconds, multipliez, remplissez la terre, et assujettissez-la[7] ; et dominez sur tous les poissons de la mer, sur les oiseaux du ciel, et sur tout animal qui se meut sur la terre. » Ainsi, nous avons cherché en permanence à dominer les éléments qui nous entourent en recourant aux sciences, mais aussi au travers de questionnements philosophiques.

Ces derniers se sont d'ailleurs aiguisés au travers d'esprits fondamentalement scientifiques, notamment au Siècle des lumières. Comme si la science, bien loin d'être en opposition au questionnement sur le pourquoi et le comment, nourrissait notre réflexion sur l'homme, le protégeant d'elle même en lui apportant des réponses.

Dans « le Discours de la méthode (1637)[8] », on lit ainsi : « Mais, sitôt que j'ai eu acquis quelques notions générales touchant la physique, et que j'ai remarqué jusqu'où elles peuvent conduire, et combien elles diffèrent des principes dont on s'est servi jusqu'à présent, j'ai cru que je ne pouvais les tenir cachées, sans pécher grandement contre la loi qui nous oblige à procurer autant qu'il est en nous, le bien général de tous les hommes. Car elles m'ont fait voir qu'il est possible de parvenir à des connaissances qui soient fort

---

6   C. Delattre, Manuel de mythologie grecque, Editions Bréal, 2005
7   Genèse 9:7
8   R. Descartes, Discours de la méthode : Pour bien conduire sa raison, et chercher la vérité dans les sciences, Librio, 2013

utiles à la vie, et qu'au lieu de cette philosophie spéculative, qu'on enseigne dans les écoles, on en peut trouver une pratique, par laquelle, connaissant la force et les actions du feu, de l'eau, de l'air, des astres, des cieux et de tous les autres corps qui nous environnent, aussi distinctement que nous connaissons les divers métiers de nos artisans, nous les pourrions employer en même façon à tous les usages auxquels ils sont propres, et ainsi nous rendre comme maîtres et possesseurs de la Nature. »

Voilà l'enjeu de Descartes : nous rendre comme maîtres et possesseurs de la nature.

Condorcet, dans son « Esquisse d'un tableau historique des progrès de l'esprit humain [9]», prolonge l'esprit de Descartes en ces termes : « On sent que les progrès de la médecine préservatrice, devenus plus efficaces par ceux de la raison et de l'ordre social, doivent faire disparaître à la longue les maladies transmissibles ou contagieuses, et ces maladies générales qui doivent leur origine aux climats, aux aliments, à la nature des travaux. Il ne serait pas difficile de prouver que cette espérance doit s'étendre à presque toutes les autres maladies, dont il est vraisemblable que l'on saura un jour reconnaître les causes éloignées. Serait-il absurde, maintenant, de supposer que ce perfectionnement de l'espèce humaine doit être regardé comme susceptible d'un progrès indéfini, qu'il doit arriver un temps où la mort ne serait plus que l'effet, ou d'accidents extraordinaires, ou de la destruction de plus en plus lente des forces vitales, et qu'enfin la durée de l'intervalle moyen entre la naissance et cette destruction n'a elle-même aucun terme assignable ? Sans doute l'homme ne deviendra pas immortel ; mais la distance entre le moment où il commence à vivre et l'époque commune où naturellement, sans maladie, sans accident, il éprouve la difficulté d'être, ne peut-elle s'accroître sans cesse ? »

Qu'à cela ne tienne ! Si le moment n'est pas encore venu, rien n'empêche de se faire cryogéniser en cas de décès, pour attendre le moment où la science nous aura donné les capacités de ne plus mourir.

9

http://classiques.uqac.ca/classiques/condorcet/esquisse_tableau_progres_hum/esquisse_tableau_hist.pdf

La cryogénisation est un procédé de conservation à très basse température d'humains ou d'animaux dont la subsistance ne peut plus être médicalement assurée, dans l'espoir de pouvoir les ressusciter ultérieurement. Dans l'état actuel du savoir-faire médical, le procédé n'est pas réversible.

Aux États-Unis, il ne peut être pratiqué que sur des humains pour lesquels un certificat de décès a été signé, et si le stade de mort clinique n'est pas encore trop avancé.

La cryogénisation est toujours perçue de nos jours avec scepticisme par la plupart des scientifiques et médecins. Cependant, parmi les militants, se trouvent bons nombre de chercheurs qui espèrent de grandes avancées dans la médecine, notamment dans les nanotechnologies, qui pourraient permettre la régénération des tissus et des organes au niveau moléculaire, voire inverser les effets du vieillissement ou des maladies. Des sociétés ont ainsi investi dans le domaine de la cryogénisation.

Alcor Life Extension[10] est un organisme américain à but non lucratif, financé à la fois par la cotisation annuelle de ses membres, leur assurance-vie pour les services de cryonie et des dons. Cette fondation permet ce qu'on peut appeler la cryopréservation des corps humains dans de l'azote liquide, par un phénomène de vitrification, en attendant de ramener à la vie les corps ou les cerveaux conservés quand les avancées de la science le permettront. Il s'agit donc pour l'heure d'une promesse de service rendu. En théorie, les corps ou cerveaux peuvent être conservés même jusqu'à 1000 ans dans de l'azote liquide.

L'un des fondements d'Alcor repose sur le postulat que l'intelligence, la mémoire et la personnalité sont déterminées par la structure et la chimie du cerveau humain. Alcor propose ainsi avant tout la cryopréservation du cerveau.

Prolonger la vie, faire disparaître la mort ou la repousser le plus loin possible, éradiquer les maladies, c'est le fantasme ou l'avenir que nous promettent les transhumanistes.

---

[10]   www.alcor.org

Transhumanisme

C'est Julian Huxley, biologiste et premier directeur général de l'UNESCO, qui introduit cette notion en 1927 dans « La Religion sans révélation » : « Nous avons besoin d'un nom pour cette nouvelle croyance. Peut-être que celui de transhumanisme fera l'affaire : l'homme qui reste l'homme tout en se transcendant en explorant de nouvelles possibilités de la nature humaine et pour celle-ci », écrit-il. Pour lui, l'espèce humaine peut se transcender – pas seulement de manière sporadique, mais dans sa globalité, en tant qu'humanité.

Le courant transhumaniste fixe ainsi un cap nommé « la Singularité[11]» , qui correspondrait au point hypothétique de l'évolution technologique où la civilisation humaine passerait en quelque sorte le relai à une intelligence artificielle supérieure.

Ce concept proviendrait d'une discussion entre John von Neumann et Stanislaw Ulam, en marge de leur collaboration sur le projet Manhattan. Ainsi en 1958, Ulam déclarait : « L'une de nos conversations avait pour sujet l'accélération constante du progrès technologique et des changements du mode de vie humain, qui semble nous rapprocher d'une singularité fondamentale de l'histoire de l'évolution de l'espèce, au-delà de laquelle l'activité humaine, telle que nous la connaissons, ne pourrait se poursuivre ».

En 1965, le statisticien anglais Irving John Good, qui travailla pendant la deuxième guerre mondiale comme cryptographe au développement de l'ordinateur Colossus, précisa le concept : « Supposons qu'existe une machine surpassant en intelligence tout ce dont est capable un homme, aussi brillant soit-il. La conception de telles machines faisant partie des activités intellectuelles, cette machine pourrait à son tour créer des machines meilleures qu'elle-même ; cela aurait sans nul doute pour effet une réaction en chaîne de développement de l'intelligence, pendant que l'intelligence humaine resterait presque sur place. Il en résulte que la machine ultra intelligente sera la dernière invention que l'homme aura besoin de faire, à condition que ladite machine soit assez docile pour constamment lui obéir.[12] »

---

[11]   R. Kurzweil, Humanité 2.0, M21 Editions, 2007

On voit poindre dans cette réflexion les écueils les plus fréquents de ceux qui abordent les questions du transhumanisme :

1/ Une incroyable confiance dans la science pour résoudre les problèmes de l'humanité.

2/ Le scénario de la créature technologique maudite qui se retourne contre son créateur : « Frankenrobot »...

Pour les transhumanistes, « la Singularité » sera la conséquence naturelle de la convergence ultime des technologies NBIC : nanotechnologies, biotechnologies, informatique et sciences cognitives. Ce sera le moment où l'intelligence humaine pourrait grâce à la technologie s'affranchir de toutes ses limites : le cerveau en se « téléchargeant » dans des machines pensantes pouvant incrémenter puissance et mémoire à n'en plus finir, puis bientôt le corps et donc le temps et la mort.

Ce moment devrait survenir dans les trente prochaines années.

Un rapport sur le programme américain NBIC, établi à la demande de la National Science Foundation (NSF) en 2002, prédit que « Ces technologies en convergence vont permettre l'unification des sciences et des techniques, le bien-être matériel spirituel universel, l'interaction pacifique et mutuellement avantageuse des humains et des machines, la disparition complète des obstacles à la communication généralisée, en particulier ceux qui résultent de la diversité des langues, l'accès à des sources d'énergie inépuisables, la fin des soucis liés à la dégradation de l'environnement ».[13]

Ray Kurzweil, « technoprophète » que Bill Gates considère comme « la personne la plus douée qu'il connaisse en matière d'anticipation de l'avenir de l'intelligence artificielle », est l'ambassadeur le plus en vue de ce mouvement.

En 1999, cet ancien Bachelor en informatique et littérature du du MIT devenu directeur de l'ingénierie chez Google, fit dans un essai la théorie d'un accroissement exponentiel des connaissances, elles-mêmes à l'origine d'un cycle ininterrompu et sans cesse accéléré d'enrichissements réciproques :

[12]   I. J. Good, Speculations Concerning the First Ultra-intelligent Machine, Advances in Computers, vol. 6, New York : Academic Press, 31-88, 1965

[13]   H. Chneiweiss, L'homme réparé, Espoirs, limites et enjeux de la médecine régénératrice, Plon éd., 2012

« Une analyse de l'histoire des technologies montre que le changement technologique est exponentiel, contrairement à une vision de sens commun d'une linéarité intuitive. Par conséquent, nous ne vivrons pas cent ans de progrès au XXIe siècle, ce sera plutôt vingt mille ans de progrès (au rythme actuel). Le "retour" augmente aussi exponentiellement, comme la vitesse des circuits intégrés et le rapport coût-efficacité. Il y a même une croissance exponentielle dans le rythme d'accroissement exponentiel. Dans quelques dizaines d'années, l'intelligence des machines dépassera l'intelligence humaine, provoquant la Singularité – un changement technologique si rapide et profond qu'il représentera une rupture dans l'élaboration de l'histoire humaine. Les implications comprennent la fusion de l'intelligence biologique et non-biologique, des humains immortels basés sur du logiciel et des niveaux supérieurs d'intelligence qui s'étendront partout dans l'univers à la vitesse de la lumière[14] ».

Ainsi la fécondation croisée des technologies produirait des cycles d'innovations de plus en plus courts, ce qu'il appelle « la loi des retours accélérés », jusqu'à un point mathématique où l'exponentielle devient verticale et qu'il n'est plus possible de prédire ce qui va se passer.

C'est ce moment vertigineux qui correspondrait à l'inévitable Singularité[15].

Il en fixe d'ailleurs un calendrier assez précis[16] :

— 2019 – les fils et autres câbles pour les appareils individuels et périphériques disparaîtront dans tous les domaines

— 2020 – les ordinateurs personnels atteindront une puissance de traitement comparable au cerveau humain.

— 2024 – les éléments d'intelligence informatique seront obligatoires dans les voitures. Il sera interdit aux individus de conduire une voiture qui ne sera pas équipée d'une assistance informatique.

---

[14]   R. Kurzweil, The Age of Spiritual Machine: When Computers Exceed Human Intelligence, Penguin Books, 1999

[15]   R. Kurzweil, The singularity is Near: When Humans transcend Biology, Viking, 2005

[16]   iatranshumanisme.com/2015/04/25/les-nouvelles-predictions-de-ray-kurzweil-lavenir-dici-2099/

— 2025 – l'apparition d'un grand marché de gadgets-implants.

— 2026 – grâce au progrès scientifique, en une unité de temps nous prolongerons notre vie d'une durée supérieure à celle qui se sera déjà écoulée.

— 2027 – un robot personnel capable d'accomplir des actions complexes en toute autonomie sera aussi anodin qu'un réfrigérateur ou une machine à café.

— 2028 – l'énergie solaire sera si bon marché et répandue qu'elle satisfera l'ensemble des besoins énergétiques de l'humanité.

— 2029 – l'ordinateur pourra passer le test de Turing pour prouver son intelligence dans le sens humain du terme, grâce à la simulation informatique du cerveau humain.

— 2030 – les nanotechnologies vont fleurir dans l'industrie, ce qui entraînera une baisse significative de la fabrication de tous les produits.

— 2031 – les imprimantes 3D seront utilisées dans tous les hôpitaux pour imprimer des organes humains.

— 2032 – les nanorobots seront utilisés à des fins médicales. Ils pourront apporter des substances nutritives jusqu'aux cellules humaines et éliminer les déchets. Ils scanneront également le cerveau humain, ce qui permettra de comprendre les détails de son fonctionnement.

— 2033 – les voitures sans conducteur circuleront sur les routes.

— 2034 – le premier rendez-vous de l'homme avec l'intelligence artificielle. Le film « Her » en version plus moderne : la compagne virtuelle pourrait être équipée d'un « corps » en projetant une image dans la rétine de l'œil – par exemple, à l'aide de lentilles ou de lunettes virtuelles.

— 2035 – le matériel spatial deviendra suffisamment développé pour assurer une protection permanente de la Terre contre les astéroïdes.

— 2036 – en utilisant une approche de la biologie comme de la programmation, l'humanité parviendra pour la première fois à reprogrammer les cellules pour guérir des maladies, et l'utilisation d'imprimantes 3D permettra de fabriquer de nouveaux tissus et organes.

— 2037 – un progrès gigantesque sera enregistré dans la compréhension du secret du cerveau humain. Des centaines de sous-régions ayant des fonctions spécifiques seront découvertes. Certains algorithmes qui codent le développement de ces régions seront décryptés et intégrés aux réseaux neuronaux d'ordinateurs.

— 2038 – l'apparition de personnes robotisées et de produits de technologies transhumanistes. Ils seront dotés d'une intelligence supplémentaire (par exemple, orientée sur une sphère concrète de connaissances que le cerveau humain est incapable de couvrir entièrement) et de divers implants optionnels – des yeux-caméras aux bras-prothèses supplémentaires.

— 2039 – les nanovéhicules seront implantés directement dans le cerveau et effectueront une entrée et une sortie arbitraire des signaux du cerveau. Cela conduira à une réalité virtuelle « à immersion totale », qui ne demandera aucun équipement supplémentaire.

— 2040 – les systèmes de recherche seront la base des gadgets introduits dans l'organisme humain. La recherche ne se fera pas uniquement par la voix, mais aussi par la pensée, et les résultats seront affichés sur les lentilles ou les lunettes.

— 2041 – le débit internet maximal sera 500 millions de fois plus élevé qu'aujourd'hui.

— 2042 – la première réalisation potentielle de l'immortalité – grâce à une armée de nanorobots qui complétera le système immunitaire et « nettoiera » les maladies.

— 2043 – le corps humain pourra prendre n'importe quelle forme grâce à un grand nombre de nanorobots. Les organes internes seront remplacés par des dispositifs cybernétiques de bien meilleure qualité.

— 2044 – l'intelligence non-biologique sera des milliards de fois plus intelligente que son homologue biologique.

— 2045 – arrivée de la Singularité technologique. La Terre se transformera en ordinateur gigantesque.

— 2099 – le processus de singularité technologique s'étend sur tout l'Univers.

Le calendrier est assez précis. Les avancées les plus compliquées semblent assez éloignées pour être encore crédibles et le cap est donné.

Si la théorie est bien formulée, elle repose cependant en grande partie sur une vision de la « loi de Moore » étendue à tous les domaines technologiques.

Cette « loi », énoncée par Gordon Moore en 1965, stipule que la puissance informatique double tous les 18 mois. Elle est en fait le résultat de la compétition acharnée des constructeurs de microprocesseurs comme IBM, Intel et NVidia ce qui en fait donc surtout une prédiction et la conséquence de l'évolution économique et non une loi de la physique.

Par ailleurs, quand on étudie de plus près l'histoire des sciences et des technologies, beaucoup de progrès connaissent d'importantes périodes de stagnation. Ainsi dans la conquête spatiale, s'il s'est écoulé à peine huit ans entre le premier vol habité de Youri Gagarin et le premier pas sur la Lune de Neil Armstrong[17], nous constatons depuis que de nombreux projets sont successivement abandonnés. Les neurosciences et l'intelligence artificielle qui ont connu leurs trente glorieuses dans l'après-guerre connaissent depuis une période de progrès certes importants, mais bien moins spectaculaires.

En cause, les crises successives qui orientent les budgets vers des sciences appliquées au détriment des sciences fondamentales et plus généralement une impatience du politique qui peine à investir dans des domaines de faible rentabilité électorale immédiate. Toutes les grandes innovations nécessitent une volonté politique forte, soit par les moyens consacrés, soit par la liberté de penser et d'agir concédée aux scientifiques.

Pour en revenir à la loi de Moore, si l'augmentation du nombre de transistors suit effectivement depuis 1970 une augmentation linéaire, depuis 2004 la fréquence des processeurs tend à stagner en raison de problèmes de dissipation thermique, ce qui au total affecte la puissance des ordinateurs.

Ainsi rien n'indique vraiment que les prédictions de Kurzweil puissent se réaliser dans les temps.

Par ailleurs, le vertige technologique annoncé ne tient pas compte du fait qu'il n'y a d'avancées technologiques que parce qu'il existe un marché, avec des lois, dont la première est la consommation. Des avancées technologiques qui ne pourraient pas être digérées deviendraient invendables par la faible promesse de service rendu au regard de l'obsolescence rapide programmée.

À quoi bon acheter l'iPhone 12, si l'iPhone 13, deux fois plus puissant sort le mois d'après ?

17   fr.wikipedia.org/wiki/Chronologie_de_l%27exploration_spatiale

Même si la technologie est là, dans de nombreux domaines, il est probable que son temps de développement s'adaptera à la compréhension de l'homme et au marché de consommation.

Jaron Lanier, le pionnier de la réalité virtuelle se refuse par ailleurs à croire que la Singularité soit inévitable : « Je ne pense pas que la technologie puisse se créer d'elle-même. Ce n'est pas un processus anonyme. (…) La raison de croire dans les hommes plutôt que dans un déterminisme technologique est que vous pouvez alors avoir une économie où les gens construisent leur propre destinée et leur vie. Si vous organisez la société sans penser aux gens, cela revient dans les faits à nier leur existence, leur dignité et leur capacité d'autodétermination... Adhérer à l'idée de la Singularité serait une célébration du mauvais goût et une politique désastreuse[18] ».

Par ailleurs dans le concept transhumaniste, on retrouve toujours en ligne de fond cette idée que l'homme est imparfait et que la technologie nous aidera à nous affranchir de toutes ses limites : corps, maladie, mort.

Il n'est pas fait mention dans le programme de Kurzweil de l'avènement « d'un état de bonheur infini », d'un paradis ou d'un nirvana — qui au fond pourraient sembler des objectifs intéressants pour l'humanité. Survie et toute-puissance ? Trop peu pour moi.

---

[18]   J. Lanier, Who Owns the Future?, New York : Simon & Schuster, 328. 2013

Romantisme

Ne sommes-nous formatés qu'à cela ? Survivre, s'affranchir par la connaissance de toutes nos limites ? À force d'avoir cru que Dieu nous avait créés à son image, pensons-nous devoir retrouver dans le miroir un visage similaire ? Une quête sans fin pour qui ne connait pas Dieu ?

Bien entendu, l'existence de l'homme ne se résume pas à son lendemain.

Nous ne sommes pas obnubilés par notre finitude. Il y a notre quête de bonheur à travers l'amour, l'épanouissement au travail, les plaisirs et parfois la prière ou la méditation.

La science — comme le religieux — ancre l'homme dans une double quête : celle de sa continuité et de la fin de la souffrance. Mais si le transhumanisme répond bien à la question de notre survie, par des réponses technologiques aux « Big Five » précédemment cités, il n'apporte rien ou peu de choses à ce qui fait réellement tourner notre moteur quotidien, aucun « superplus ».

Ceci est un point fondamental. L'homme est avant tout guidé par son romantisme. Il aime écrire une histoire imprévue, n'exclut pas de souffrir, transcende l'échec et se nourrit de premières fois. Il aime vibrer, reprendre son souffle après une longue et inquiétante apnée, accélérer plus qu'il ne faut... Enlacer.

Chapitre 2

Aujourd'hui, l'Homme se prépare pour demain

L'Homme n'a de cesse de construire son avenir. Il le fait avec ses nouveaux outils qui nous parlent forcément un peu de ce que sera son avenir.

Quand l'homme domestique le feu, il y a environ 400 000 ans, avec l'apparition des premiers foyers aménagés, se développe vraisemblablement autour du feu une vie sociale plus organisée. Il éclaire et prolonge le jour, permet à l'homme de pénétrer dans les cavernes, d'envahir les zones tempérées froides de la planète. Il permet de cuire la nourriture et, en conséquence, de faire reculer les parasitoses. Il améliore la fabrication des outils en permettant de durcir au feu la pointe des épieux, donc la chasse, etc.

Ainsi chaque progrès a des conséquences qui dessinent un bout d'avenir.

Cependant, le progrès a de tout temps questionné, chaque fois qu'il s'accélérait. Au XIXe siècle déjà, le rythme effréné des découvertes et innovations inquiétait. Électricité, télécommunications, bateaux et trains à vapeur, premiers avions, cinéma : autant de progrès qui bouleversaient les esprits. L'homme moderne a ainsi progressivement appris à vivre dans le changement permanent, à définitivement douter de l'impossible, sans pour autant cesser de se questionner sur son identité. Technoprophètes et philosophes humanistes échangent sur leurs visions de l'avenir : un monde débarrassé des maladies et de la mort pour les uns, la possibilité de la fin de l'humain et de l'avènement d'un monde de machines pour les autres.

Le partage des connaissances à l'échelle mondiale, par internet et ce qu'il est courant d'appeler « le Big Data » nous font entrer dans une spirale de progrès technologiques dont les outils actuels sont l'informatique, les biotechnologies, les nanotechnologies, les sciences cognitives et l'intelligence artificielle.

Voyons où nous en sommes pour comprendre ce que nous pourrions très certainement en faire.

Les lois de l'évolution de la technologie

Avant de dérouler le parchemin de nos connaissances actuelles, il est intéressant de constater que les technologies répondent également à certaines règles d'évolution qui les font naître, s'épanouir puis souvent s'effacer. Seules les plus utiles et les plus résistantes demeurent, avec pour corollaire l'adaptation. Ainsi la roue n'est jamais devenue carrée. Mais d'un bois mal taillé, cerclé de fer, elle est devenue un mélange de gomme contenant élastomères, charges renforçantes, plastifiants et autres éléments chimiques, avec jantes en alliage, modélisée en 3D sur ordinateur pour s'adapter à toutes les surfaces et tous les temps[19].

Dans son essai « Pyramid of Technology[20] », le philosophe et artiste néerlandais Koert Van Mensvoort[21] a récemment défini sept niveaux de relation de l'homme à la technologie, qu'il présente sous forme d'une pyramide :

— Le plus bas niveau représente l'indispensable socle sur lequel tout le reste s'édifie. Il correspond aux technologies « imaginées ». C'est le lieu où s'exercent les auteurs de romans d'anticipation et les visionnaires. À ce stade, la technologie en question est un projet dans l'esprit humain, sans plus. Van Mensvoort donne comme exemple le satellite géostationnaire, imaginé par Clarke en 1945, mais réalisé seulement vingt ans plus tard. On y trouve aussi un grand nombre de technologies encore pour l'instant imaginaires, et qui le resteront peut-être toujours : le voyage interstellaire, le voyage dans le temps, etc.

— Au second stade de la pyramide se trouvent les technologies « opérationnelles ». Il s'agit de celles testées en laboratoire, validées sans qu'il soit possible d'en faire quelque chose « d'utile ». Cela pourrait correspondre à l'étape des sciences fondamentales. À cet étage, Van Mansvoort mentionne l'ordinateur quantique, les bactéries modifiées capables de produire du carburant, de la viande de synthèse ou de l'électricité sans fil. Les gens œuvrant à ce niveau sont surtout des scientifiques et des inventeurs, comme Nikola Tesla,

---

19   http://toutsurlepneu.michelin.com/le-pneu-cet-inconnu-les-materiaux
20   https://www.nextnature.net/2014/08/pyramid-of-technology/
21   http://www.mensvoort.com

qui a travaillé sur l'idée de l'électricité sans fil dès 1891, comme le rappelle Van Mensvoort

— Vient ensuite le niveau des sciences appliquées. La technologie sort du laboratoire. Cependant, il reste difficile d'en prédire sa diffusion éventuelle et son avenir. Les « Google Glasses » en sont un exemple. À ce niveau, on trouve des inventeurs-entrepreneurs, comme Thomas Edison, déjà capables de transformer leur innovation technologique en modèle d'affaires.

— Le quatrième niveau est celui de la technologie « acceptée ». C'est le moment ou celle-ci en vient à faire partie de notre vie quotidienne. Steve Jobs est un exemple type de professionnel ayant agi à ce niveau, nous dit Van Mensvoort. « Bien qu'il n'ait pas inventé la norme MP3 et que le Walkman de Sony existait depuis des décennies, il a néanmoins réussi à combiner ces technologies au sein d'un iPod parfaitement accessible et réussi ». C'est l'étage des designers, des industriels et du marketing...

Autrement dit, dans ce niveau où dominent les grandes branches de l'évolution technologique, il existe des sous-branches qui proviennent de ce qu'il est courant d'appeler l'innovation de rupture. Cette innovation, qui n'est d'ailleurs pas obligatoirement technologique, amène parfois un progrès disruptif plus significatif que les technologies dont elle est le fruit.

Lorsque l'iPhone fut lancé sur le marché, aucune des technologies utilisées n'était nouvelle. L'idée de les relier l'était.

Les plateformes de réseaux sociaux, telles que Facebook et Twitter ne sont pas nées d'une innovation technologique, mais d'une innovation de concept : favoriser la création et l'échange de contenus par les internautes eux-mêmes.

Les innovations de rupture sont donc nécessaires pour faire le lien entre les différentes innovations technologiques.

— Avec le cinquième niveau, « vital », la technologie fusionne de plus en plus avec notre environnement immédiat. Van Mensvoort donne comme exemple l'électricité, l'imprimerie, les antibiotiques, la ville elle-même. L'internet et le téléphone mobile seraient en passe de devenir à leur tour des technologies « vitales ». Quels sont les professionnels agissant à ce niveau ? Van Mensvoort suggère que quelqu'un comme Barack Obama en serait un bon représentant lorsqu'il travaille à rendre les soins accessibles à tous ou remet en question l'importance « vitale » des armes à feu pour bon nombre de citoyens américains.

— Les technologies « invisibles » sont l'avant-dernier étage de la pyramide. Comme leur nom l'indique, on ne les reconnaît même plus comme technologies. L'écriture et la lecture appartiennent à cette catégorie. On ne considère même pas l'écrit comme une technologie. Toutefois, la « naturalisation » n'est pas complète, elle demande encore un véritable apprentissage, pas toujours aisé. Parmi les professionnels œuvrant à cet étage, on trouve évidemment les enseignants, notamment d'école primaire.

— Reste la pointe de la pyramide. À ce stade, la technologie est devenue, non plus une seconde nature, mais bel et bien notre « première nature ». Citons comme exemple la cuisson des aliments, découverte il y a plus de 200 000 ans, et qui fait partie du processus même d'hominisation. Van Mensvoort rappelle la théorie de Leslie Aiello et Peter Wheeler[22]selon laquelle, grâce au processus de cuisson, le système digestif aurait réduit, tandis que le cerveau grossissait. En fait, la plupart des institutions humaines viennent de la cuisson et de la domestication du feu. À ce stade, on ne trouve même plus de « professionnels » spécialisés.

Pourquoi cette forme de pyramide ? Pourquoi y a-t-il si peu de monde au sommet ? Autrement dit pourquoi la plupart des technologies restent-elles coincées aux étages inférieurs ? Van Mensvoort envisage plusieurs raisons à cela, la première étant la chance. Mais il y a d'autres raisons. L'une d'entre elles est que la technologie la plus « naturalisée » est susceptible de nous changer profondément, ce que les gens ne veulent pas toujours. Une autre raison est plus originale : nous n'allons pas assez loin dans la réalisation de notre imaginaire, ce qui fait que les technologies arrivent rarement à maturité.

« Nous rêvons de télépathie, mais nous nous arrêtons au téléphone mobile. Nous rêvons de voler comme des oiseaux, mais nous finissons par avoir des aéroports bondés. Si seulement nous osions poursuivre nos rêves et amener nos technologies à réaliser totalement leur potentiel, nous pourrions faire bien mieux. »

---

[22]   L. C.Aiello, Brains and guts in human evolution: The Expensive Tissue Hypothesis, Braz. J. Genet. vol. 20 no. 1 Ribeirão Preto Mar. 1997

Elon Musk, CIO de Tesla Motors, en mettant un coup d'accélérateur dans le développement et la démocratisation de la voiture électrique, a chamboulé les perspectives et les plans de la plupart des constructeurs automobiles forcés de s'aligner sur son audace. Il est en passe de provoquer le même phénomène avec SpaceX et la conquête spatiale[23], et le marché de l'énergie solaire photovoltaïque avec SolarCity[24].

Et puisque petit, il rêvait de la Lotus Esprit de James Bond dans le film « L'espion qui m'aimait », il envisage à présent de construire une voiture amphibie[25]. Ne rien s'interdire, laisser l'imaginaire prendre les commandes du train de l'innovation, chasser les esprits chagrins qui trouvent toujours tout trop compliqué ou impossible, forment la marque des grands entrepreneurs.

Arrivées en haut de cette pyramide, les grandes technologies tendent à s'effacer du regard, se fondre dans l'environnement et notre nature jusqu'à devenir « naturelles »

« Au long terme, rien ne distingue une technologie suffisamment avancée de la nature », affirme Van Mensvoort, paraphrasant un fameux aphorisme d'Arthur C. Clarke : « toute technologie suffisamment avancée ne peut être distinguée de la magie ».

---

[23]   www.spacex.com
[24]   fr.wikipedia.org/wiki/SolarCity
[25]   www.autocar.co.uk/car-news/new-cars/electric-suv-and-bmw-3-series-rival-next-tesla-says-elon-musk

L'informatique

D'hier à aujourd'hui

Les progrès de l'informatique ont été au cours des cinquante dernières années tout simplement vertigineux. Mais il faut tout de même remonter un peu plus loin, en 1854 et se plonger dans l'ouvrage de George Boole, « Les Lois de la pensée [26]».

Il invente le calcul binaire et explique qu'en combinant des valeurs binaires « oui ou non », « vrai ou faux », il devient possible de calculer le résultat d'une proposition aussi complexe soit-elle. Sa méthode va s'appliquer dans les circuits de commutation téléphoniques, électriques, puis être reprise en 1938 par les logiciens et plus particulièrement l'américain Claude Shannon.

C'est ce dernier qui invente le « bit », valeur binaire correspondant à « 0 ou 1 », qui deviendra l'unité de mesure en informatique que nous utilisons encore actuellement.

John Von Neumann, mathématicien et logicien haut en couleur, après avoir posé les bases de la physique quantique et participé au projet Manhattan, qui mit en œuvre la bombe A sous la direction d'Oppenheimer, va ensuite repenser l'architecture des ordinateurs. Ces derniers s'apparentaient alors à d'énormes machines qui nécessitaient à chaque modification de programme de brancher et débrancher manuellement de nombreux câbles. Il va inventer la notion de « mémoire » et séparer celle-ci de l'unité centrale de traitement des données, créant une architecture dont s'inspirent toujours nos ordinateurs[27].

Parallèlement, l'amélioration exponentielle des capacités de calcul théorisée par la loi de Moore, associée à une miniaturisation sans fin des composants a permis d'accélérer de manière fantastique les progrès de l'informatique.

Ainsi, la puissance des ordinateurs a augmenté d'un facteur 100 tous les 10 ans pour un coût à peu près constant.

---

[26] G. Boole, Les lois de la pensée, VRIN, 2002
[27] A.Crevier, A la recherche de l'intelligence artificielle, Flammarion, 1997

En l'espace de cinquante ans, cette loi prédictive qui a révolutionné l'économie mondiale fait que les ordinateurs sont devenus 250 000 fois plus rapides et accessoirement, miniaturisation aidant, leur volume a été divisé dans les mêmes proportions !

Par exemple, la puissance d'un smartphone actuel dépasse celle que la NASA a mise en œuvre pour envoyer les premiers hommes sur la Lune en 1969.

S'il était sorti en 1988, l'iPad 2 aurait battu en capacité de calcul les machines les plus perfectionnées de l'armée américaine et serait resté dans le top 5 jusqu'en 1994…

Parallèlement, les mémoires de masse et donc les capacités de stockage de l'information ont fait l'objet d'une évolution spectaculaire. En 1979, un disque dur de 250 Mb pesait 250 kg, coûtait 10 000 $ et devait être transporté sur un chariot.

Ainsi l'augmentation de la puissance, de la capacité de stockage, la miniaturisation et l'avènement d'internet nous amènent depuis le début du siècle à un nouveau paradigme : l'unique puce dans un ordinateur de bureau ou un ordinateur portable cède la place à des milliers de puces, connectées et communicantes, disséminées dans les objets les plus divers. Ces changements ne nous semblent pas toujours perceptibles, mais quand un avion devient un drone, un téléphone filaire un smartphone, l'argent une carte de crédit, une chaîne hifi un baladeur numérique, ce sont bien les puces et l'interconnexion numérique qui sont à l'œuvre. Et nous n'en sommes qu'au début !

À terme, tout deviendra intelligent autour de nous. Par la baisse inévitable des coûts, les puces envahissent notre environnement : papiers peints, fenêtres, emballages alimentaires jusqu'à l'humain lui-même, dont les bracelets et montres connectées ne sont que les prémices.

L'ordinateur tend aussi à s'effacer du paysage. Internet est disponible sur les téléviseurs connectés, les applications quittent l'ordinateur pour rejoindre les objets ou les fonctions concernés. Ainsi les livres de recettes et les applications rejoignent les robots de cuisine et un certain nombre d'applications ou d'informations stockées rejoignent les nuages — le cloud — pour être disponibles là où elles sont utiles, c'est-à-dire partout. Comptabilité, musique, écrits, données personnelles quittent l'unité centrale pour devenir nomades.

L'informatique se fond dans nos existences pour se rendre silencieusement à notre disposition.

Le Big Data

L'humanité a connu trois grandes révolutions de la diffusion des idées.

— La première correspond au passage de la communication orale à l'écrit. Ainsi, tous les aspects de la culture humaine purent être progressivement stockés sous la forme de parchemins et de livres. La grande bibliothèque d'Alexandrie, avant de disparaître à jamais probablement dans les flammes, contenait jusqu'à 700 000 rouleaux et volumes[28]. Les copies et la diffusion étaient limitées.

— La seconde, considérée comme un évènement majeur de la Renaissance, est liée à la découverte de Gutenberg. La machine à imprimer permit enfin la diffusion des connaissances en se substituant au travail laborieux des moines copistes.

— La révolution numérique est la troisième du genre. Comme chaque révolution, elle effraie par son ampleur et l'on peine à bien en saisir ses répercussions. Ce n'est pas nouveau. Lors du passage à l'écrit, Socrate s'emportait en affirmant que seule la transmission orale entre les êtres était vivante.

Pourtant la connaissance est là, disponible, sur tout sujet en quelques clics et n'importe où. Elle n'est plus réservée à une certaine élite.

Parallèlement, cette connaissance ne cesse de s'élargir, chaque seconde, profite en permanence de la grande collecte, du partage des données et de l'expérience : forums d'échanges, tutoriels, Wikipedia, universités en ligne, conférences, podcast ou chaines YouTube. Passionnés, spécialistes, amateurs se retrouvent pour décortiquer, analyser, amasser et discuter leurs connaissances.

La clé du savoir est dans la bibliothèque et cette bibliothèque est partout et pour tous.

IBM définit ainsi le Big Data : « Chaque jour, nous générons 2,5 trillions d'octets de données. À tel point que 90 % des données dans

---

[28]   A. Djebar, L'âge d'or des sciences arabes, Le Pommier, 2013

le monde ont été créées au cours des deux dernières années seulement. Ces données proviennent de partout : de capteurs utilisés pour collecter les informations climatiques, de messages sur les sites de médias sociaux, d'images numériques et de vidéos publiées en ligne, d'enregistrements transactionnels d'achats en ligne et de signaux GPS de téléphones mobiles, pour ne citer que quelques sources. Ces données sont appelées Big Data ou volumes massifs de données [29]».

Notre cerveau se modifiera sans doute. La mémoire ne servira plus à accumuler des connaissances, mais à retenir les chemins, les liens et les moteurs de recherche qui y mènent.

Nous bénéficierons de plus en plus de cette alliance avec la machine. Cette intelligence de stockage, d'organisation, et d'accès rapide aux données est appelée « l'intelligence faible », par opposition à « l'intelligence forte », référence à une machine capable non seulement de produire un comportement intelligent, mais aussi d'avoir une conscience de soi et une véritable compréhension de ses propres raisonnements.

En fait, la réalité qui chaque jour se dessine est celle d'une association entre d'un côté notre intelligence, qui émane d'un système organique complexe dont les décisions sont largement influencées par l'émotion, l'empathie et l'instinct et de l'autre, l'intelligence artificielle faible, capable de fabuleuses capacités de calcul, de logique et d'accès à l'information.

Ainsi, faute de pouvoir télécharger — pour l'heure — dans la machine « le logiciel » de notre intelligence, fruit de plusieurs millénaires d'évolution, nous coopérons de plus en plus avec des systèmes « d'intelligence faible », mettant la machine à notre service pour augmenter nos capacités d'analyse et de décision.

Les machines à dicter, la biométrie, les logiciels de reconnaissance vocale, faciale, ou d'empreintes digitales sont de plus en plus présents aujourd'hui, notamment sur les téléphones portables et les moteurs de recherches.

La reconnaissance optique de caractères pour numériser des textes et plus généralement l'apprentissage machine et le traitement de masse de données, se développent de plus en plus.

---

[29]   https://www-01.ibm.com/software/fr/data/bigdata/

Un service comme « Siri », conçu par Apple, ou « Watson » par IBM, qui communiquent avec « un cloud », où l'information est stockée et qui apprennent à répondre à des requêtes, sont amenés à se développer de plus en plus. Les algorithmes de réponse s'affinent, en fonction de l'expérience et de la connaissance de nos besoins et habitudes.

Cependant, cette grande collecte d'informations a besoin pour être réellement utile et intelligente de répondre à 4 critères qui restent autant de challenges. Ce sont les 4 V :

— Volume : il s'agit non seulement d'adapter ou de faire évoluer les possibilités de stockage aux besoins exponentiels, mais d'avoir la capacité de traitement de ce volume de données, comme « Convertir les 350 milliards de relevés annuels de compteurs afin de mieux prédire la consommation d'énergie ».

— Vélocité : Un GPS, un état du trafic, la détection de fraude, et tous les processus « chronosensibles » nécessitent que l'accès au Big Data et la réponse à la requête, soient rapides pour être efficace.

— Variété : les sources servant à l'analyse et à la création de l'intelligence faible nécessitent d'être variées et représentatives. En cela, la hiérarchisation des réponses dans les requêtes par les géants de GAFA (pour Google, Amazon, Facebook, Apple) et plus particulièrement Google, souvent sur des critères économiques avec le référencement payant, est une menace sur le dernier V.

— Véracité : « 1 décideur sur 3 ne fait pas confiance aux données sur lesquelles il se base pour prendre ses décisions. Comment pouvez-vous vous appuyer sur l'information si vous n'avez pas confiance en elle ? Établir la confiance dans les Big Data représente un défi d'autant plus important que la variété et le nombre de sources augmentent, sans vérification organisée ».

Le flux ne cesse de s'accélérer, les débits d'augmenter, alimentant un océan informationnel sur lequel nous devons apprendre à naviguer. Nous y laissons de nombreuses traces sur notre personnalité, du « Small Data », qui permet à chacun d'entre nous d'en savoir pratiquement autant sur son voisin que n'importe quel puissant de la planète…

Nous y voyons un danger, la perte de nos libertés, la surveillance à grande échelle et « 1984 » de Georges Orwell devenir notre réalité.

Mais ce cauchemar ne correspond pas à notre quotidien.

Au contraire, aujourd'hui internet, avec tous ses défauts et ses excès, se pose de plus en plus en garant de nos libertés. Toutes les questions, toutes les conversations peuvent être abordées. Les dictateurs vivent dans une peur permanente d'internet, de son pouvoir d'organisation ascendante et de réaction des peuples, qui ont transformé le réseau mondial en instrument de démocratie.

Il est par ailleurs probable que la confrontation numérique, sans cesse scrutée, favorise l'éducation, valorisée dans les débats, tout comme les raisonnements et plus généralement la sagesse.

Les réseaux sociaux

Nous vivons aussi l'émergence d'une nouvelle identité, l'identité numérique. Elle définit un nouvel homme : l'Homo Numericus [30]. Il initie un nouveau langage, de nouvelles règles de communication avec l'autre, considérées par certains comme virtuelles et en opposition avec une vision romantique du réel.

Joignable à chaque instant, « déterritorialisé », gérant des situations tout en restant chez soi ou sur la route, ce nouvel homme en s'affranchissant des contraintes temporelles et spatiales, crée un nouvel espace-temps.

C'est même la pensée de l'homme en général qui en est modifiée. À l'expression de l'humanisme classique fondé sur le savoir des lettres, des philosophes, des manuels et de longs discours, se substitue un bruit de fond, une pensée commune composée de « tweets » et « de posts » courts, tranchants et sans appel.

Le débat ainsi digéré se divise par des multiples de 140 signes, fragmentant une pensée déjà fragmentaire…

L'objectif est double : optimiser et intensifier le présent. Il faut le faire durer le plus possible, car lui seul est essentiel…

Cet Homo Numericus devient homme-orchestre tant l'ubiquité devient nécessité. Les temps vides sont comblés, rationalisés : transports, passages aux toilettes, endormissement. Tout est bon pour feuilleter sa tablette, trier ses mails, répondre à sa messagerie

---

[30]   I. Compiègne, La société numérique: La société numérique en question(s), Editions Sciences Humaines, 2011

instantanée, avaler de l'info, avec finalement la capacité de passer très rapidement d'une situation à une autre. Ou bien serait-ce au contraire un développement de l'incapacité à ne plus être fragmentaire dans l'attention portée aux êtres et aux réalisations et en quelque sorte une régression ?

Pourtant, de cette hyperconnection émanent de nouveaux rapports humains, plus profonds qu'il n'y parait.

Nombreux sont encore ceux qui pensent que les technologies numériques nous isolent. C'est tout l'inverse qui se produit : l'homme n'a jamais autant voyagé, communiqué et tissé du lien avec ses semblables.

Les écrans se réduisent, deviennent mobiles et suivent le mouvement. Les cercles qui faisaient salons deviennent des milliers de réseaux sociaux. Nous sommes de plus en plus nombreux et pourtant de plus en plus proches.

En 1929, Frigyes Karinthy, écrivain hongrois, évoquait la possibilité que toute personne sur le globe puisse être reliée à n'importe quelle autre, au travers d'une chaîne de relations individuelles comprenant au plus six maillons [31].

En 2008, sur l'échange de plusieurs milliards de messages instantanés sur Windows Live Messenger, Eric Horvitz et Jure Leskovec, chercheurs chez Microsoft, ont estimé l'écart maximal de connaissances entre deux humains à 6,6. Avec le développement des technologies de l'information et de la communication, le degré moyen de séparation est tombé sur Facebook à 4,74. Autrement dit, nous sommes de plus en plus nombreux, mais de moins en moins loin de n'importe qui, n'importe où sur cette planète.

Bien entendu, nous sommes dans une période de transition où les inégalités persistent avec ce qu'on peut appeler la fracture numérique. Ces réseaux sociaux dessinent de fait une nouvelle société. Tout le monde n'a pas encore accès au numérique ou a des difficultés à maîtriser l'outil. La force d'adaptation nécessaire pour intégrer cette nouvelle société peut créer des fractures générationnelles. Acquérir la tournure d'esprit, l'ubiquité et la rapidité, que les enfants possèdent désormais très tôt, et qui permettent de s'adapter sans effort aux nouveaux outils pourrait

---

[31]   connect.adfab.fr/outils/la-theorie-des-degres-de-separation

devenir rapidement impossible pour ceux qui prendraient du retard. Le numérique deviendrait rapidement pour eux une langue étrangère : blog, chat, copier/coller, format PDF, etc.

Par ailleurs, la numérisation de nos sociétés aboutit à une nouvelle forme de hiérarchie entre les citoyens qui relève surtout du culturel. Il existe un nouveau découpage dans nos sociétés : entre ceux qui sont des usagers passifs et les manipulateurs et ceux qui ne se limitent pas à l'utilisation de ces nouveaux outils, mais sont capables de créer, de publier, de transformer l'environnement numérique dans lequel ils gravitent. Ils incarnent ainsi une nouvelle forme d'élite : ce sont leurs compétences numériques qui fondamentalement les distinguent des autres usagers.

Par ailleurs, à l'échelon individuel, l'Homo Numericus se définit par son corps mortel, mais également par une certaine conscience numérique, qu'il imagine lui survivre. C'est une mémoire constituée de traces, de vidéos, de commentaires, de « like » de listes de lectures ou musicales, de photos, d'articles ou de citations partagés. Cette « conscience » numérique ne lui appartient plus, il la concède.

C'est une source d'angoisse, à laquelle il répond par le droit à l'oubli, ou l'anonymat. Ce dernier étant trop désincarné, voici venu le temps du réseau social virtuel : le changement d'identité à volonté : avatar, pseudo et demain personnage 3D virtuel, modifiable à volonté selon ses envies. Un monde « recréant le réel », à l'instar des univers virtuels de certains jeux vidéos massivement multijoueurs.

Demain, révolution quantique, ordinateurs à ADN

Alors que la mémoire d'un ordinateur numérique est constituée comme nous l'avons vu de bits dont la valeur est binaire et en l'occurrence 0 ou 1, les ordinateurs quantiques travaillent sur des qbits. Un qbit correspond à la superposition quantique de deux états binaires classiques : 0 et 1. Sa valeur est donc soit 0, soit 1, soit une combinaison linéaire des deux, c'est-à-dire non pas un troisième état, mais une infinité de superpositions des deux états de base [32].

Et c'est précisément ce qui permet de réaliser une quantité fulgurante de calculs simultanément. Pour donner un exemple, avec seulement 40 qbits, il est possible d'effectuer 1000 milliards de calculs simultanés. Cette puissance de calcul est exponentielle et double à chaque fois qu'on lui adjoint un bit.

Une autre voie de recherche est celle qui utilise l'ADN et sa combinaison de quatre bases nucléotidiques A, T, G et C (pour Adénine, Cytosine, Thymine, Guanine) à la place des 0 et 1 de nos ordinateurs numériques [33].

L'ADN a plusieurs propriétés : un grand pouvoir de stockage, un caractère compact et facile à répliquer, un faible poids et surtout la capacité de faire massivement des opérations en parallèle. On peut quantifier cette propriété en donnant le nombre d'opérations effectuées par quantité d'énergie dépensée, soit 10 puissance 19 opérations/joule, c'est-à-dire 10 milliards de fois plus qu'un ordinateur classique.

Ainsi en 2013, des chercheurs ont pu stocker une photo JPEG, un ensemble de sonnets de Shakespeare et un fichier audio du discours "I have a dream" de Martin Luther King Jr. dans un stockage de données numériques à ADN [34].

[32]   M. Le Bellac, Le monde quantique, EDP Sciences, 2012
[33]   C. Rousseau, Y. Saint-Aubin, Mathématiques et Technologies, Springer, 2009
[34]   www.sciencenews.org/article/dna-stores-poems-photo-and-speech

Les biotechnologies

Elles recouvrent des domaines et des technologies très divers. L'OCDE en propose une définition extrêmement large : « l'application des sciences et des techniques à des organismes vivants, qu'il s'agisse d'éléments ou de produits pour transformer les matériaux vivants ou non, dans le but de produire des connaissances, des biens ou des services ».

Depuis des centaines d'années, l'homme utilise des outils biologiques. La fabrication du vin et des fromages est un exemple de l'utilisation de phénomènes biologiques décryptés, comme la fermentation.

Ainsi les mécanismes fondamentaux du monde vivant ont été progressivement éclaircis au cours des siècles. La génétique a construit un modèle de l'hérédité portée par les gènes, la biologie cellulaire puis moléculaire leur a donné un support, la molécule d'ADN. Les ARN copient l'information contenue dans les gènes et l'apportent à la machinerie cellulaire qui, à partir de ces plans, fabrique les milliers de protéines qui font l'incessant travail de garder en vie les êtres vivants.

Les biotechnologies modernes sont nées il y a une cinquantaine d'années de ces connaissances scientifiques, qui ont permis de modifier de façon volontaire des cellules vivantes, pour notre bénéfice.

Elles ont déjà donné naissance à quatre secteurs d'activités que l'on peut schématiquement répartir par couleurs :

— les biotechnologies vertes qui trouvent leurs applications dans l'agriculture et l'alimentation. Ces technologies servent par exemple à sélectionner les variétés pour améliorer les produits thérapeutiques, les vaccins et la prévention des maladies, tant végétales qu'animales. Les plantes génétiquement modifiées (OGM) constituent l'application la plus connue du grand public même si cette dernière ne recouvre en réalité qu'un nombre restreint de cultures (coton, soja, maïs). Moins connue, mais plus importante en matière d'espèces végétales et animales concernées, la Sélection Assistée par Marqueurs (SAM) permet de sélectionner les variétés afin d'effectuer des croisements génétiques naturels permettant d'obtenir les caractéristiques voulues [35].

— les biotechnologies blanches qui ont pour objet la production de molécules à partir de biomasse, ouvrant la voie vers l'élaboration à façon de microorganismes industriels, assimilables à des usines cellulaires, elles-mêmes à la base d'une chimie durable.

— les biotechnologies bleues qui désignent l'utilisation des ressources marines. Elles regroupent diverses techniques qui permettent d'augmenter le taux de croissance des espèces aquatiques d'élevage, d'améliorer la qualité nutritive des aliments aquacoles et la santé des poissons, d'étendre la gamme des espèces aquatiques « cultivées », d'améliorer la gestion et la conservation des stocks d'espèces sauvages.

— les biotechnologies rouges qui concernent les applications médicales. À titre d'exemple, des millions de patients bénéficient chaque jour de médicaments issus du génie génétique, comme l'insuline recombinante qui améliore la vie des diabétiques depuis plus de 20 ans. Progressivement, l'industrie des « biothérapies » est née.

Les biotechnologies sont ainsi une source de croissance pour l'avenir et pourront permettre à l'homme de répondre à de nombreux défis, comme la nécessité de nourrir une population mondiale en constante augmentation et en même temps de répondre à la dégradation environnementale secondaire à l'agriculture intensive et au changement climatique.

---

[35]   http://www.genesdiffusion.com/Bovin/posters/sam.pdf

Le biomimétisme

Le biomimétisme désigne le transfert et l'application de matériaux, de formes, de processus et de propriétés remarquables observés à différentes échelles du vivant, vers des activités humaines [36]. C'est Otto Schmitt (universitaire et inventeur américain) qui aurait forgé le néologisme anglais « biomimetics » (biomimétisme pour les francophones) pour décrire la notion de transfert de processus de la biologie à la technologie.

Depuis 3,8 milliards d'années, la vie s'est diversifiée en d'innombrables espèces qui interagissent dans un équilibre dynamique avec la planète. Il ne reste aujourd'hui qu'à peu près 15 millions d'espèces vivantes. Mais comme nous l'avons vu, chacune d'elles a obtenu sa survie à long terme grâce à un processus d'adaptation naturelle, avec une succession d'essais et d'erreurs.

Cela représente une expérience concrète, en particulier des principes de durabilité, que l'homme a longtemps négligée faute d'outils de connaissance.

Mais depuis près d'un demi-siècle, les progrès de la microscopie, de la modélisation et de la simulation informatique, ont permis à l'homme d'étudier les nanostructures, d'analyser la composition chimique des matériaux naturels et de s'en inspirer pour en créer des versions synthétiques.

La nature fait en quelque sorte de la recherche et du développement depuis trois milliards d'années et rien ne nous empêche de nous en inspirer.

Ainsi les technologies biomimétiques prennent exemple de propriétés essentielles de systèmes biologiques, animaux ou végétaux, pour mettre au point des formes, des matériaux, des procédés de production dans une approche durable et innovante.

En 1941, un ingénieur suisse, Georges de Mestral, observe combien il est difficile de retirer les fleurs de bardane des vêtements et des fourrures des animaux, en raison de minuscules crochets : le Velcro est né [37].

---

[36]   http://www.developpement-durable.gouv.fr/IMG/pdf/ED72.pdf
[37]   D. Hintze, Histoire d'une invention: le Velcro de George de Mestral, Editions de la Girafe, Musée d'histoire naturelle, 1990

Au Japon, un ingénieur, passionné d'ornithologie, conçoit le nez du Shinkansen, le train à grande vitesse nippon, en remarquant comment le martin-pêcheur passe très rapidement d'un milieu peu dense, l'air, à un milieu plus dense, l'eau, avec un minimum de vibrations. Résultat, le profilage de la motrice a permis une réduction de 15 % de la consommation électrique et une augmentation de la vitesse de 10 %.

Le terme « bio-inspiré » est probablement plus juste pour témoigner de ces technologies.

Le mimétisme pur, n'a pas dû porter chance aux premiers aventuriers, ayant sauté d'une falaise, déguisés en oiseaux.

Comme l'explique Gilles Boeuf, président du Centre européen d'excellence en biomimétisme de Senlis (Ceebios) : « Les possibilités sont énormes, dans l'habitat, la cosmétique, les matériaux, l'énergie... Les contraintes économiques et environnementales nous poussent à innover et nos connaissances du vivant, comme le progrès technique ont progressé de façon considérable [38] ».

Les exemples d'applications pratiques ne manquent pas :

L'aigle des steppes a offert à l'aéronautique ses ailes qui ont inspiré les ailettes quasi verticales placées aux extrémités de la voilure des avions ; l'araignée, la solidité sans égal de son fil pour concevoir des gilets pare-balles ; des microrobots marchent sur l'eau comme les gerris, en exploitant la tension superficielle de l'eau ou bien encore la combinaison de natation Fastskin qui s'inspire de l'épiderme du requin mako et permet aux nageurs de nouvelles prouesses de vitesse.

---

[38] www.lemonde.fr/planete/article/2015/09/10/la-crevette-la-libellule-et-l-araignee-au-secours-de-l-economie-francaise_4751949_3244.html

Les nanotechnologies

De quoi s'agit-il ?

Ce pourrait être le projet de « refaire ce que la vie a fait, mais à notre façon », selon les termes du Prix Nobel de chimie 1987 Jean-Marie Lehn.

Il pourrait s'agir de la clef nous permettant de relayer l'évolution darwinienne pour prendre en main notre destin...

Le japonais Norio Taniguchi à l'Université de Tokyo est le premier à évoquer en 1974 [39] ce nom qui vient d'une unité de mesure, le nanomètre. Ce dernier correspond au milliardième de mètre. Pour donner un ordre de grandeur, cette taille correspond à environ une dizaine d'atomes.

Mais avant cela, en 1959, Richard Feynman proposa de miniaturiser certaines capacités industrielles à l'échelle moléculaire. Sa présentation, désormais célèbre, est considérée comme l'acte fondateur des nanotechnologies [40].

C'est en 1986 que cette appellation fut popularisée par Eric Drexler, qui dans son livre « Engins de créations » [41], parle d'un monde entièrement transformé par la présence de machines infimes, les « nems » (nanoelectromecanical systems), capables de surveiller, de modeler la matière au niveau atomique et ainsi de modifier pratiquement toutes nos conditions d'existence.

Il s'agit de créer à l'échelle atomique des nanorobots, des moteurs moléculaires, des transistors à quelques atomes et des ordinateurs quantiques.

Pour travailler au niveau moléculaire il faut pouvoir utiliser des microscopes à effet tunnel (MET) et des microscopes à force atomique (MFA), respectivement découverts en 1981 et 1986 et bénéficier d'une matière première à l'échelle.

Ce sont Harold Kroto, Robert Kurl et Richard Smalley qui en 1985 ont découvert les fullerènes, des cristaux de carbone très stables,

---

[39] N. Taniguchi, On the Basic Concept of Nano-Technology, International Conference on Production and Engineering, Japan Society of Precision Engineering, Tokyo, 1974

[40] R. P. Feynman, There's plenty of room at the bottom, Engineering and Science, CalTech, 22-36, 1960

[41] K. E. Drexler, Engines of Creation: The Coming Era of Nanotechnology, Anchor Books, 1986

organisés en forme de sphère, de tube ou d'anneau. Cette avancée récompensée du Prix Nobel en 1996 permit à Sumio Lijima de synthétiser en 1991 les premiers nanotubes de carbone. Ces derniers ont la propriété d'être deux-cents fois plus résistants que l'acier en étant six fois plus légers. Ce sont actuellement les matériaux les plus solides que l'on connaisse, ce qui devrait permettre leur utilisation dans la fabrication de tissus ou d'objets hyperrésistants [42].

Ils ont par ailleurs des propriétés conductrices qui leurs confèrent des applications en électronique. Il était temps !

La loi de Moore nous a conduits à bientôt atteindre — à priori vers 2022 — les limites physiques de miniaturisation des puces en silicium. Certains prédisent même, comme le physicien Michio Kaku, une crise technologique pouvant participer à une crise économique de grande ampleur [43].

Ainsi en utilisant des nanotubes déposés sur un substrat en silicium, il serait possible de fabriquer des circuits électroniques à l'échelle atomique. L'IBM Millipede [44] est une invention de Big Blue, issue de ses laboratoires zurichois qui travaillent sur l'intelligence artificielle.

Ce nom qui vient de l'anglais fait référence aux mille-pattes et aux milliers de petites têtes nanoscopiques de silicium qui ont pour but de lire ou d'écrire des données indépendamment les unes des autres, permettant ainsi d'améliorer les débits. On parle d'un taux de transfert de 100 Go/sec selon les dernières expériences, ce qui est bien loin des 0,625 Go/sec de l'USB 3.0. Les nanotechnologies sont également à la base de la création des ordinateurs quantiques que nous avons évoquée.

Les nanomachines se sont également développées. Carlo Montemagno et son équipe de l'université de Cornell ont ainsi construit un hélicoptère de la taille d'une molécule. Il s'agit en fait d'un nanomoteur hybride élaboré à partir d'une enzyme ATPase organique et de pales en nickel qui tournent à huit rotations par

---

[42]   P. Bernier et coll, Le carbone dans tous ses états, P. Bernier et S. Lefranc, 1997

[43]   www.lemondeinformatique.fr/actualites/lire-la-fin-de-la-loi-de-moore-provoquerait-une-crise-economique-33223.html

[44]

www.ewp.rpi.edu/hartford/~walshc2/FWM/Research%20Project/Final/IBM's%20Millipede.pdf seconde. Cet incroyable dispositif pourrait notamment être utilisé pour déposer des substances actives à l'intérieur des cellules [45].

Les nanomachines ouvrent également la voie de l'aventure intérieure, de la transformation du corps par des nanorobots qui, circulant dans notre sang et nos tissus, auront peut-être vocation à corriger des dysfonctionnements cellulaires, à éliminer des toxines, réparer l'ADN ou suppléer à des fonctions défaillantes. Vaste programme...

[45]   C. D. Montemagno, Nanomachines: A Roadmap for Realizing the Vision, Journal of Nanoparticle Research, 2001

Les sciences cognitives

C'est encore la capacité de l'homme à rêver qui lui a permis de construire des ponts entre des domaines scientifiques qui pourraient paraitre bien éloignés, s'ils n'étaient complémentaires.

Le désir de fabriquer des machines à calculer, des robots, de créer la vie, l'intelligence artificielle et de trouver les lois de la pensée ont abouti aux sciences cognitives.

Pourquoi la connaissance du cerveau met-elle autant de temps à aboutir ?

La culture occidentale est profondément marquée par le réductionnisme et le dualisme.

Le réductionnisme, que l'on retrouve essentiellement chez Descartes [46], consiste à réduire la complexité naturelle à un ensemble d'éléments plus simples, jusqu'à obtenir des principes fondamentaux capables d'expliquer le tout.

Le dualisme, qui nous vient de Platon et Aristote, affirme que l'intelligence de l'homme est une faculté de l'esprit et de l'âme qui ne peut être assimilée ni expliquée par son corps matériel.

Ces deux modes de pensée sont assez peu adaptés à la compréhension des systèmes complexes d'une manière générale et du cerveau en particulier.

L'anatomie, en le disséquant jusqu'à en tirer sa cellule de base, le neurone, ne donnera jamais une explication du tout. De même, l'imagerie métabolique ou dynamique ne lèvera jamais qu'une toute petite partie du voile de la compréhension. Ainsi en sera-t-il des sciences du langage ou comportementales, de la neurobiochimie ou de la psychanalyse.

Les progrès dans un domaine se trouvent vite limités par la méconnaissance des autres approches. Mais là encore, l'avènement d'internet, couplé à l'augmentation vertigineuse des capacités de calcul et de modélisation informatique, vont nous permettre d'aborder une compréhension fine et probablement rapide du cerveau et d'un des derniers bastions du sacré : la conscience.

---

46   R. Descartes, Discours de la méthode, Librio, 2013

Le peu que l'on sait

Quelles approches pour le cerveau ?

La compréhension du cerveau — ou plutôt son ébauche — est venue de la conjonction de plusieurs approches scientifiques qui ont tenté d'en appréhender toute sa complexité :
— L'approche évolutionniste, basée sur une comparaison de l'anatomie du cerveau entre différentes espèces.
— L'approche développementale, qui étudie la formation du cerveau du stade embryonnaire au stade adulte.
— L'approche génétique qui analyse l'expression des gènes dans les différentes zones du cerveau.
— Et l'approche fonctionnelle qui utilise des techniques d'analyse d'images du cerveau en fonctionnement comme l'Imagerie par Résonnance Magnétique (IRM).
Progressivement ont ainsi été mis en évidence une architecture et un niveau d'organisation particulièrement complexe.

Neuro-anatomie du cerveau [47]

Le cerveau est composé de deux hémisphères et de plusieurs lobes. Il existe également un certain nombre de structures que l'on retrouve chez tous les vertébrés de façon plus ou moins complexe :
— Le bulbe rachidien, qui prolonge la moelle épinière et contient de nombreux noyaux impliqués dans les fonctions motrices et sensorielles.
— L'hypothalamus, qui régule de nombreuses fonctions primaires telles que l'éveil et le sommeil, la faim, la soif ou la libération d'hormones contrôlant d'autres cascades de sécrétions hormonales glandulaires.

---

[47] D. Felten, Atlas de neurosciences humaines de Netter: Neuroanatomie-Neurophysiologie, Elsevier Masson, 2011

— Le thalamus, qui sert à relayer l'information entre les hémisphères cérébraux et le tronc cérébral, à réguler la motivation, ainsi que plusieurs autres comportements élémentaires comme la faim, la soif, la défécation et la copulation.

— Le cervelet, impliqué dans la coordination et la précision des mouvements fins et l'équilibre.

— Le tectum, partie supérieure du mésencéphale qui permet de diriger les actions dans l'espace, de conduire le mouvement et le regard en s'aidant de la vue et des autres sens.

— Le pallium, couche de matière grise qui s'étale sur le prosencéphale. Autrement appelé « cortex cérébral » chez les mammifères, il représente la région dominante du cerveau qui contrôle de nombreuses autres régions corticales. Il s'est particulièrement développé chez l'homme et les primates en s'élargissant au niveau des lobes frontaux. C'est ce « néocortex » qui est le siège des capacités les plus évoluées de l'homme, comme le langage, l'intelligence et la pensée consciente.

— L'hippocampe, qui intervient dans la mémoire spatiale et la navigation.

— Les ganglions de la base, groupe de structures interconnectées à priori impliquées dans la sélection de l'action basée sur un système neurologique de récompenses et de punitions.

— Le bulbe olfactif, qui traite les signaux olfactifs et envoie l'information vers la zone associée du pallium.

En regardant d'un peu plus près

Il y a deux types de cellules principales dans le cerveau :
— la cellule gliale qui assure le maintien d'un environnement homéostatique propice au fonctionnement des tissus nerveux
— le neurone, élément fonctionnel de base qui possède trois caractéristiques singulières : une grande variabilité de forme, des fonctions électriques et chimiques et une capacité à s'interconnecter pour former des réseaux. Dendrites et axones sont les bras, les ramifications de ces neurones, réalisant un réseau colossal d'interconnexions par l'intermédiaire des synapses. Jean-Claude Heudin en donne une image vertigineuse [48] : « Si l'on imagine un

morceau de cerveau de la taille d'une tête d'allumette, celui-ci contiendrait près d'un milliard de connexions. Dans l'encéphale humain, le nombre devient astronomique et donc difficilement vérifiable : de l'ordre d'un dix suivit par plusieurs millions de zéros ».

Ces réseaux neuronaux s'organisent en autoroutes reliant les noyaux à différentes informations sensorielles, internes et externes, par l'intermédiaire de neurones spécialisés. Les connexions neuronales dans le cerveau forment des structures en « cartes », qui font correspondre des points situés sur certaines parties du corps, comme la peau ou la rétine de l'œil, sur certaines couches. Il existe également une organisation verticale du cortex cérébral en colonnes qui constitueraient des modules possédant une même modalité sensorielle, disposés côte à côte...

Par ailleurs, chaque cerveau est unique. Chaque organisation, chaque réseau de connexions de neurones sont le résultat du développement de chaque individu et de son histoire personnelle.

Le cerveau n'existe pas sans le corps

Comme l'explique le pape des sciences cognitives, Marvin Minsky dans son livre « la Société de l'esprit [49] », l'esprit n'est pas une unité centralisée, mais un ensemble de réseaux réalisant des interactions entre éléments multiples et dissemblables. Monique Atlan et Roger-Paul Droit dans leur ouvrage « Humain [50] » en donnent cet exemple : « Une action élémentaire comme "prendre en main une tasse de thé et la boire" mobilise des agents "agrippants" (pour attraper la tasse), "équilibrants" (pour ne rien renverser), "déplaçants" (pour porter le contenu à nos lèvres), sans compter les agents de la soif pour nous mettre à boire ».

Pour Marvin Minsky aucune de ces opérations n'est indépendamment consciente : « La conscience résulte ainsi,

[48] Jean-Claude Heudin, Immortalité numérique. Intelligence artificielle et transcendance. Science eBook, 2014

[49] M. Minski, La Société de l'esprit, Interéditions, 1988

[50] M. Atlan, R-P. Droit, Humain, Une enquête philosophique sur ces révolutions qui changent nos vies, Flammarion, 2012

paradoxalement, d'une succession d'opérations dépourvues de conscience ».

La conscience est en quelque sorte ce lien qui fait que tout se tient, un conducteur invisible… Pour le moment.

Comme nous le voyons dans l'exemple précédent, la conscience est fondamentalement contextuelle, liée à l'environnement, aux perceptions et aux relations. Séparer le corps, c'est-à-dire l'interface d'expression et de relation, de l'esprit, serait comme demander à une voiture d'avancer sans roues.

On y reviendra, mais ceci est fondamental pour comprendre que certains transhumanistes qui prédisent la disparition du corps, l'effacement de l'interface de communication et d'apprentissage, font probablement fausse route.

Le cerveau en action

La compréhension du cerveau a été révolutionnée par de nouvelles techniques issues des progrès NBIC.

Tomographie par émission de positons, IRM de diffusion ou fonctionnelle, magnétoencéphalographie, ont permis de « voir » le cerveau fonctionner, en établissant par exemple des images à partir du mouvement des molécules d'eau au niveau cellulaire. Il devient ainsi possible de comprendre la communication intracérébrale et plus généralement le « code neural », équivalent de l'ADN pour le codage de l'information dans le cerveau [51].

L'accélération des investissements et de la compréhension

S'il est difficile d'appréhender le cerveau, qui reste un des « objets » les plus complexes de l'univers connu, sa compréhension va s'accélérer avec les progrès de l'informatique.

---

[51]   D. Le Bihan, Le cerveau de cristal, Odile Jacob, 2012

Il y a cependant pas mal de retard à rattraper. Le neurone a tout de même engrangé une expérience et une avance de 550 millions d'années. Néanmoins, le transistor avec ses 55 ans — dix millions de fois plus jeune — se rapproche en l'espace de quelques décennies de la puissance du cerveau, ce qui ouvre les voies de la modélisation et de la compréhension. Imaginez qu'en à peine trente ans, la puissance des serveurs informatiques a été multipliée par un milliard !

Pour comprendre le connectome, c'est-à-dire les 100 000 milliards de synapses qui connectent nos 100 milliards de neurones, on estime qu'il faudra une puissance informatique de l'ordre du zetaflop. Intel estime que cette puissance de calcul qui correspond à mille milliards de milliards d'opérations par seconde sera atteinte un peu avant 2030. Actuellement, les plus puissants ordinateurs ont une puissance de calcul d'environ 33 millions de milliards d'opérations par seconde.

Pour réussir l'exploit de reproduire un cerveau humain, l'équipe de l'« Human Brain Project [52] », soutenu financièrement à hauteur d'un milliard d'euros par l'Union européenne, aura besoin d'un superordinateur de ce type.

L'importance d'investir dans la recherche sur le cerveau humain n'a pas non plus échappé à l'administration américaine, qui en 2013 a soutenu le lancement d'un programme de recherche piloté conjointement par les agences fédérales, des fondations privées et des équipes de neuroscientifiques et nanoscientiques [53].

Dans son discours sur l'état de l'Union [54], Barack Obama a en effet insisté sur l'importance des recherches sur le cerveau, la meilleure façon, pour lui, d'investir pour le gouvernement.

« Chaque dollar que nous avons investi pour cartographier le génome humain en a rapporté 140 à notre économie. Chaque dollar ! », a-t-il notamment martelé. Et d'ajouter : « Aujourd'hui, nos scientifiques cartographient le cerveau humain pour débloquer les réponses à la maladie d'Alzheimer. Ils développent des médicaments pour régénérer des organes endommagés. Ils élaborent de nouveaux

---

[52]   www.humanbrainproject.eu/fr/mission;jsessionid=kjm4547708rv1t0l3m89hjtkf
[53]   www.nytimes.com/2013/02/18/science/project-seeks-to-build-map-of-human-brain.html?pagewanted=1&_r=2
[54]   www.huffingtonpost.fr/2013/02/13/barack-obama-thematiques-discours-etat-union_n_2674786.html

matériaux pour fabriquer des batteries dix fois plus puissantes. Alors ce n'est pas maintenant que nous allons stopper ces investissements créateurs d'emplois dans la science et l'innovation. »

Le 21e siècle sera ainsi celui du neuro-business. Comprendre, aider, renforcer, réparer, interfacer voir même transférer le cerveau, représenteront des domaines d'activités gigantesques. Leur développement se retrouve dans les NBIC : les neurones avec les sciences cognitives, les atomes avec les nanotechnologies, les bits avec l'informatique et enfin les gènes avec les biotechnologies. Notez bien que chacun de ces domaines a ainsi été massivement investi par Google.

Le projet « Blue Brain » (littéralement « cerveau bleu ») a pour objectif de créer un cerveau synthétique par processus de rétro-ingénierie. Fondé en mai 2005 à l'École polytechnique fédérale de Lausanne (EPFL) en Suisse, ce projet étudie l'architecture et les principes fonctionnels du cerveau [55]. « Nous travaillons sur des modèles plus petits que des cerveaux humains, par exemple des cerveaux de souris, et les outils de modélisation que nous développons ne nécessitent pas encore d'ordinateurs hyperpuissants [56] », explique Richard Walker, porte-parole du projet.

Tout ce qu'il reste à découvrir

Il est intéressant de rappeler qu'il existe parfois une confusion entre complexité et méconnaissance.

Bien souvent, la complexité s'efface avec la connaissance.

L'anatomie d'une carte-mère informatique parait d'une extrême complexité au néophyte, mais reste parfaitement décryptable pour l'informaticien spécialisé dans les circuits imprimés.

Aussi, tout ce qui est compliqué, n'est pas forcément complexe. Vider une baignoire à l'aide d'une petite cuillère est probablement pénible, mais pas si complexe, de même lorsqu'il s'agit de démêler un sac de câbles.

---

[55]   fr.wikipedia.org/wiki/Blue_Brain
[56]   www.parismatch.com/Actu/Environnement/Le-projet-du-siecle-la-carte-du-cerveau-734974

Le temps trop court — ou humain — est bien souvent l'ennemi de la compréhension. C'est essentiellement ce qui manque pour faire passer la connaissance de « très complexe » à « simplement compliquée ».

Si cela doit nous faire réfléchir dans la connaissance de l'homme et l'acceptation de nos différences, ceci est également à méditer dans la connaissance du cerveau humain, qui avec ses milliards de cellules, de flux de neurotransmetteurs et de synapses, rend le paquet de câbles particulièrement emmêlé…

Le cerveau humain, comme de nombreux systèmes complexes naturels, est caractérisé par un plus grand nombre de niveaux d'organisation non structurés de manière homogène. Si nous avons défini dans la partie précédente ce que nous en savions, leurs rapports, « la clé de lecture » nous est inconnue.

Pour avoir une idée de cette complexité, au moment où j'écris ces mots avec quelques doigts, je croise les jambes, me redresse, respire, écoute au loin un enfant râler en me demandant ce qu'il se passe, décroise les jambes, ressens la faim et me demande, en me rappelant que nous sommes dimanche, « quelle heure est-il ? »

Chacun de ces mouvements, ou de ces pensées est le fruit d'activations simultanées de réseaux parallèles, de rétroaction de sens, rendant le processus de compréhension et de fabrication « d'un modèle de conscience » particulièrement complexe.

Vous voyez ? D'une chose simplement compliquée, mon incompréhension en fait à nouveau une chose complexe…

Cependant, certains phénomènes dans la nature sont réellement complexes, et ne dépendent pas du simple facteur temps pour les ramener à un simple phénomène difficile.

Cette complexité apparaîtrait ainsi à la frontière de l'ordre et du chaos [57].

Par exemple, si mon enfant râlait tout à l'heure, c'est qu'il trouvait complexe de ranger sa chambre. Ceci est parfaitement exact, même si le chaos y prédomine largement.

L'étude de ce phénomène complexe est devenue, ces dernières années, une science à part entière.

---

[57] C. G. Langton, Life at the Edge of Chaos, Artificial Life II, Reading : Addison-Wesley, 1991

« Hasard et nécessité coopèrent au lieu de s'opposer [58]».
La compréhension du cerveau, et de la vie en général, consiste à découvrir les termes du « deal ».

---

[58]   I. Prigogine, I. Stengers, Order out of Chaos - Man's new dialog with nature, Toronto : Bantam Books, 1984

Les interfaces neuronales

Les premiers travaux datent des années 70, mais le grand public fut exposé à ce genre de technologies vingt ans plus tard, lorsque les scientifiques ont commencé à abandonner les tests sur des animaux pour des expériences sur l'homme.

Très schématiquement, on place un jeu d'électrodes sur la tête du sujet afin de réaliser un électroencéphalogramme pour lire et reconnaître l'activité cérébrale de l'utilisateur. On traduit ensuite les résultats, à l'aide d'algorithmes, sous forme de commandes qui permettent de contrôler un ordinateur.

En 1991, Peter Fromherz de l'Institut Max Planck à Munich a couplé une puce électronique à une cellule nerveuse. Il montra ainsi qu'il était possible de récupérer le signal électrique émis par la cellule. En 1995, il a réussi l'opération inverse puis, en 2001, a établi la première communication bidirectionnelle entre deux neurones et la « neuro-puce » [59].

D'autres équipes ont également travaillé sur la connexion entre un réseau de neurones organiques et les capteurs et actionneurs d'un robot. Certaines ont privilégié des systèmes moins intrusifs, sous la forme de tatouages électroniques [60], ou d'interfaces cerveau-machine, c'est-à-dire permettant une communication directe entre le cerveau et le système cybernétique.

Actuellement, c'est évidemment pour le monde du handicap que les différents systèmes sont testés.

Le plus abouti à ce jour est sans conteste BrainGate de Cyberkinetics Neurotechnology Systems [61]. La puce utilise une centaine de petites électrodes qui réagissent à la signature électromagnétique des neurones dans certaines régions spécifiques du cerveau, par exemple la zone qui contrôle les mouvements du bras. L'activité est alors traduite en signaux électriques qui sont ensuite envoyés et décodés à l'aide d'un programme, formant ainsi une interface cerveau-machine. Cette communication directe entre le

---

[59] J. de Rosnay, 2020 : les scénarios du futur : Comprendre le monde qui vient, Fayard, 2008

[60] www.netexplo.org/fr/veille/innovation/electronic-tattoos

[61] www.cyberkinetics.com

cerveau et le système cybernétique permet alors de mobiliser, soit un bras robotisé, soit un curseur informatique.

Le boîtier d'interface neuronale CerePlex W, a été mis au point par la société nord-américaine Blackrock Microsystems. Placé sur le crâne et relié à un implant cérébral, il récupère et convertit en commandes numériques les signaux électriques émis par les neurones, lorsqu'une personne exécute une commande mentale.

Dans le domaine du grand public, plus récemment, IBM et Xerox ont annoncé des applications mobiles contrôlées par le cerveau [62].

---

[62]   arxiv.org/ftp/arxiv/papers/1509/1509.01338.pdf

L'intelligence artificielle

Qu'entend-on par intelligence ?

La capacité de calcul ? D'analyse ? La conscience ?
Un moyen simple de savoir si une forme de raisonnement, de pensée peut s'apparenter à l'intelligence artificielle est de la mesurer à la nôtre. Ceci a été conceptualisé par Alan Turing en 1950 par ce qu'il est courant d'appeler « le test de Turing » [63].
Ce dernier est assez simple. Un observateur humain s'entretient par écrit avec deux interlocuteurs qu'il ne voit pas. L'un est un humain, l'autre est une machine. Si l'observateur humain se révèle incapable de distinguer entre ses interlocuteurs, alors on pourra dire que la machine pense.
Pour l'heure, aucun ordinateur n'a passé le test avec succès.
Néanmoins, ce test est critiqué, car il n'évaluerait pas suffisamment ce qui relève de l'émotion ou de l'instinct et serait dans l'impossibilité de définir si le sujet a bel et bien une conscience.
En fait apparait ici la différence de perception des deux voies qu'ont suivies les chercheurs depuis les années 1950 dans leur quête de l'intelligence artificielle. Cette dernière était pour les uns forcément mathématique, faite d'une intelligence rationnelle et au total pas très humaine.
Pour les autres, elle devait au contraire intégrer les approximations, l'émotivité, les sentiments et toutes les dimensions affectives et expressives qui font de nous bien plus que des calculatrices sur pattes. Cette voie de recherche a fait appel à la linguistique, à la psychologie, aux sciences humaines et cognitives.
Pour l'heure, comme nous l'avons vu précédemment, nous privilégions le développement de la coopération avec une « intelligence faible ».
La création d'« une intelligence forte » sous-entendrait l'avènement d'une conscience machinique.

---

[63]   A. Turing, « Comptine machinerie and intelligence », Min, vol.59, n°236, octobre 1950, p.433-460

Objecteur de conscience

Jean-Claude Heudin relève avec justesse plusieurs objections qui associées à celles que formula Alan Turing dans les commentaires de son fameux test, s'opposent à la réalisation d'une telle création [64], sans l'invalider pour autant :

— Une objection d'ordre théologique : si la conscience est un attribut des êtres créés par Dieu, aucune machine ne pourra jamais être vivante ni même dotée d'une conscience. Bien entendu, en sortant du cadre scientifique aucune démonstration contraire ne peut en être faite. Nous reviendrons plus tard sur la question essentielle de la définition du vivant et de ses conditions. Mais je soumets déjà à votre réflexion la réponse que fit Turing à cette objection de contrarier le dessein de Dieu : « En essayant de construire de telles machines, nous ne devrions pas plus usurper irrévérentiellement ses pouvoirs de créer des âmes que nous ne le faisons en engendrant des enfants : nous sommes plutôt, dans les deux cas, des instruments de Sa volonté, fournissant des demeures aux âmes qu'il crée ».

— Une objection d'ordre technophobique : qui vient de la peur que représenterait pour l'humanité une intelligence artificielle, dont le rapport bénéfice/risque est donc — à priori — négatif. « Elle s'appuie également sur une forme de néo-luddisme qui dénonce tout progrès comme un engrenage qui broie l'homme, où la machine est systématiquement dépeinte comme génératrice de chômage et d'exploitation sociale ». Autrement dit, les conséquences du fait que les machines pourraient penser seraient trop terribles. Il vaut mieux croire et espérer qu'elles ne pourront pas le faire. Principe de précaution. On ferme le ban et on rentre chez soi.

— L'objection de Lady Lovelace : Lady Lovelace est la fille de Lord Byron, qui fut lui-même associé à la conception de Frankenstein. Elle était l'amie de Charles Babbage : celui-ci a conçu la « Machine Analytique », l'ancêtre direct du premier ordinateur. Ainsi, elle note : « La Machine Analytique ne peut jamais rien faire de nouveau ».

---

[64]   Jean-Claude Heudin, Immortalité numérique, Science eBook, 2014

Pour Alan Turing : « on peut y répondre avec le dicton : il n'y a rien de neuf sous le soleil ». Qui peut nous prouver que le travail « original », la nouveauté que saurait faire un homme ne sont pas la conséquence de toute une longue séquence préétablie, de faits et principes généraux qui nous guideraient et dont nous n'avons pas conscience, parce que non découverts aujourd'hui ? En clair, la machine ne peut créer — comme l'homme — que par l'expérience accumulée, qui détermine d'une manière ou d'une autre la direction de « ses pensées ».

— L'objection sur la complexité : certains phénomènes resteront à jamais trop complexes pour que notre compréhension les appréhende. Rien ne sert donc d'essayer de les reproduire sur une machine. C'est pour moi l'objection du paresseux.

— L'objection de Hamlet : pour la prime « il y a plus de choses sur la terre et dans le ciel, Horatio, que n'en rêvera jamais votre philosophie [65] ». Cela signifie, qu'il vaut mieux s'intéresser à des sujets enracinés dans le réel, plutôt que de rêver à des machines artificielles et que toute création ou recherche humaine et vaine et futile. En gros, nous retrouvons la pensée dominante des esprits chagrins qui considèrent qu'il y a toujours un sujet de plus grande importance que celui qui leur est proposé : la faim dans le monde, le climat, la pauvreté. Là encore, c'est certain, arrêtons tout, car effectivement « à quoi bon ? ». Et de votre côté, commencez par refermer ce livre.

— L'objection discrète : « le monde réel est continu alors que les ordinateurs fonctionnent uniquement sur un mode binaire. Par conséquent, tous les programmes ne sont tout au plus que des simulations des processus et non les processus eux-mêmes... » Les ordinateurs quantiques devraient permettre de mieux coller à la réalité de la complexité des processus.

— Les objections calculatoires et mathématiques soulignent le manque ou la limite de capacité de calcul pour simuler l'intelligence. Ce n'est pour l'heure qu'un facteur limitant, que là encore, les ordinateurs quantiques devraient un jour balayer, même si formellement il y aura toujours une limite, conformément aux théorèmes d'incomplétude de Gödel [66].

---

[65]   W. Shakespeare, Hamlet, Acte I, Scène V, Paris : Aubier, 1993

Vers un modèle d'intelligence artificielle

Il faut avant tout repenser l'ordinateur. Le système informatique classique fonctionnant selon l'architecture de Von Neumann, avec une mémoire séparée de l'unité de calcul, n'est pas adapté à la modélisation du connectome.

Dans le cerveau, chaque neurone et ses synapses jouent à la fois le rôle de mémoire, d'unité de calcul, d'unité centrale et de routeur.

Le projet SyNAPSE (Systems of Neuromorphic, Adaptative Plastic Scalable Electronics), mené par IBM et HRL depuis 2008 et soutenu par la DARPA [67], cherche à matérialiser chaque neurone, par un nanocircuit électronique à transistors. L'objectif est de construire un système de microprocesseurs connectés et communicants permettant de simuler le fonctionnement neuronal.

À titre d'exemple, des puces électroniques mesurant 3 mm de longueur, sur 2 mm de largeur et épaisses de 1 mm, ont été réalisées, contenant chacune 256 nanocircuits comportant chacun 1024 câblages. Cela revient à recréer 26 000 synapses par puce.

À l'été 2015, IBM levait le voile sur sa puce baptisée TrueNorth. Bioinspirée, elle vise à reproduire dans le silicium, un réseau de neurones artificiels. Les chercheurs ont même réussi à interconnecter 48 de ces puces neuromorphiques, regroupant au total 48 millions de neurones artificiels, soit à peu près le nombre de neurones que l'on retrouve dans le cerveau d'un rongeur.

Les puces neuromorphiques ont été développées pour réaliser des tâches, comme la reconnaissance de contenus à l'intérieur d'une image ou la reconnaissance vocale, que les processeurs classiques peinent à effectuer, mais qui sont très bien exécutées par notre cerveau. Les puces d'IBM pourraient donc particulièrement intéresser des géants comme Facebook ou Microsoft, très friands d'algorithmes de « deep learning » pour faire fonctionner des services comme la reconnaissance faciale sur les photos pour le

---

66   fr.wikipedia.org/wiki/Théorèmes_d%27incomplétude_de_Gödel
67   www.darpa.mil/news-events/2014-08-07

réseau social, ou la traduction en temps réel sur Skype pour le second.

Aujourd'hui, l'objectif d'IBM est de pouvoir intégrer sa puce TrueNorth dans des smartphones, des montres connectées ou même dans des écouteurs. Cette intégration permettrait alors de faire fonctionner des services comme Siri, Google Now ou Cortana sans avoir recours à une connexion internet. En effet, aujourd'hui, ces assistants personnels ne fonctionnent qu'en faisant appel à des serveurs où sont stockées d'immenses bases de données. Selon le scénario d'IBM, les algorithmes de « deep learning » seraient d'abord développés et entraînés sur des machines classiques, puis exécutés en « local » sur des puces neuromorphiques intégrées aux différents appareils nomades [68].

C'est bien encore le modèle d'intelligence artificielle faible, c'est-à-dire non créative, mais cumulative et analytique, qui s'étendra de plus en plus.

Nous reviendrons sur la question de la notion « d'intelligence artificielle forte » en parlant des robots, mais il est peu probable qu'en dehors de la connaissance de notre propre conscience, la recherche fondamentale dans ce domaine débouche sur un modèle de conception qui ne nous soit pas destiné.

En d'autres termes, la création d'un modèle d'intelligence artificielle forte correspondra au moment où l'homme pourrait utiliser ce vecteur pour lui-même.

Ainsi, les découvertes fondamentales et les progrès réalisés ces dernières 50 dernières années dans les NBIC, dessinent jour après jour un nouveau monde, une nouvelle humanité.

---

[68]   www.wired.com/2015/08/ibms-rodent-brain-chip-make-phones-hyper-smart/

Chapitre 3

Le chemin de l'Homme augmenté

Historiquement, cela fait bien longtemps que l'homme cherche à pallier ses déficiences. On a ainsi retrouvé la trace d'une prothèse constituée de trois segments de bois maintenus par du textile vers 3000 av. J.-C. sur la momie d'une femme de Thèbes en Égypte. On retrouve aussi des traces de prothèse chez les Grecs et les Romains. Au Moyen-Âge, les prothèses ont un but fonctionnel. Ainsi les pirates, amenés à se battre régulièrement, ont remplacé la prothèse de bois par le fameux crochet en fer lorsqu'ils perdaient leurs mains, pour pouvoir rester en mesure de se défendre lors des affrontements suivants [69].

Mais au-delà de la réparation du handicap, l'homme a toujours imaginé pouvoir aller plus loin, augmenter ses capacités, se transformer.

On retrouve ainsi dans le mythe d'Icare, Dédale qui pour s'échapper du labyrinthe de Minos, fabrique des ailes artificielles, ce qui s'apparente à une augmentation de ses capacités et non une simple réparation.

Par les progrès technologiques et les connaissances acquises dans le demi-siècle dernier, l'homme est en passe de se transformer d'une manière radicale. Cela se fera aussi bien au service de sa santé que de son bien être.

---

[69]   J.-T. Richard, Nouveaux regards sur le handicap, L'Harmattan, 2009

L'homme augmenté, c'est déjà l'homme réparé

Si l'homme était une voiture et qu'en lieu et place des hôpitaux actuels, qui font office de simples carrosseries où l'on répare ce qu'on peut avec le peu qu'on a, on imaginait de grands garages accolés à d'immenses chaines de production d'organes, de fluides en tout sens ; un catalogue permettrait aux médecins de passer commande, après avoir déterminé les pièces à réparer. Il ne nous resterait plus alors, qu'à prendre rendez-vous pour la pose : nouveau foie, cœur, rotule, cornée…

L'IRM, l'analyse numérique ou électromagnétique, le prélèvement de cellule souche, le séquençage d'ADN, la synthétisation 3D, le remplacement, l'amélioration ou l'incrémentation y seraient couramment pratiqués.

On peut ainsi imaginer la culture d'organes et leur remplacement à partir de nos propres cellules ou l'implantation de cellules souches directement dans l'organe malade pour une régénération in situ. Ce sera la fin de la pénurie de donneurs et des problèmes de rejet.

Racontée comme cela, froidement, non pas humainement, mais de manière purement technique, cette histoire n'enchante guère…

Et pourtant, un certain nombre d'avancées et de projets vont déjà dans ce sens :

— La bio-ingénierie, avec la culture de cellules souches ou différenciées permettant la culture d'organes, par exemple dans des moules en polymères biodégradables. Bronche, trachée, vessie, sang artificiel, urètre ont déjà été cultivés, tout comme de l'épiderme, ouvrant la voie à de nouvelles thérapeutiques réparatrices pour les grands brûlés. Tous ces processus marqueront un coup d'arrêt à la pénurie de donneurs.

— Dans le domaine de la cécité, avec la fabrication de rétines artificielles en polymères grâce aux techniques d'ingénierie tissulaire, des prototypes d'œil artificiel ou d'œil bionique [70].

---

[70]   A. Chow, et al., The artificial silicon retina microchip for the treatment of vision loss from retinitis pigmentosa, Archive of Ophthalmology, vol. 122, n. 4, 460-469, 2004

— Dans le domaine de la surdité, avec l'apparition d'implants cochléaires, capteurs électroniques transformant les sons en signaux électriques pour stimuler le nerf auditif.

— En endocrinologie, avec le traitement du diabète et les recherches sur le pancréas artificiel implantable.

Mais l'homme réparé, c'est bien évidemment l'aide apportée au monde du handicap avec le développement de prothèses, chaque jour plus réalistes et plus ergonomiques.

La DARPA, l'agence chargée des projets de la recherche avancée de la Défense des États-Unis, deux ans après avoir cartographié les schémas neuronaux propres au toucher en observant le cerveau de singes, est parvenue en septembre 2015, à marier les techniques les plus avancées en matière de contrôle de prothèse, avec un mécanisme de simulation du toucher. Pour être clair, un handicapé a pu non seulement contrôler sa prothèse par la pensée, mais également ressentir ce qu'il touchait [71].

---

[71]   www.darpa.mil/news-events/2015-09-11

L'homme en bonne santé

Il y a une promesse de valeur ajoutée dans le marché de la santé qui n'a pas échappé à certains grands groupes américains, qu'il est courant de nommer GAFA, pour Google, Amazon, Facebook et Apple. Chacun à leur manière, notamment grâce au Big Data, sont en train de radicalement changer la médecine préventive voir prédictive. Et c'est à eux, par les moyens mis en œuvre que reviendra quoi qu'on en pense cette mission. Aucun état n'aura les moyens financiers de mettre en place les mêmes procédés de surveillance et de contrôler les services proposés, quand la pression émanera de millions — voir à l'échelle de Google ou Facebook — de milliards de consommateurs. Tout au plus, les états pourront valider des systèmes, les labéliser.
D'une manière générale, cela consistera à :

Améliorer les diagnostics et la surveillance par :

— l'amélioration de la médecine préventive, c'est à dire l'analyse des facteurs de risque (séquençage génétique, capteurs d'environnement) et la mise en œuvre d'un suivi médical personnalisé. Grâce aux appareils connectés, nous serons en permanence scrutés, surveillés et informés en temps réel du moindre battement de coeur de travers, d'un taux anormal de cholestérol ou d'une inquiétante déshydratation. La médecine connectée, permettra de relier cette information géolocalisée aux organismes de secours.
Le SAMU ainsi aidé dans sa prise de décision par des données objectives, pourra apporter une réponse immédiate et adaptée. De nouvelles sociétés de télé-surveillance organiseront, moyennant un abonnement subventionné par l'état ou les mutuelles, notre monitoring continu. Le refuser ne fera qu'augmenter les primes d'assurance. Et d'ailleurs, qui refuserait actuellement d'être protégé « gratuitement » par une société de télé-alarme ?
— l'amélioration des techniques d'imagerie standards : IRM personnelles à auto-diagnostic, électrocardiogramme permanent (les

troubles conductifs et du rythme cardiaque étant instantanément signalés et transmis aux équipes médicales), utilisation de la réalité augmentée pour améliorer la vision de certains tissus (comme la paire de lunettes Eyes-On mise au point par l'entreprise californienne Evena Medical, qui visualise le système veineux à travers la peau en temps réel et facilite la prise de sang).

— L'usage de la puce à ADN, permettant, grâce à ce laboratoire de poche et une goutte de salive, de sang ou d'urine, de dépister nombre de maladies.

— L'utilisation de nanocapteurs, veilleurs en temps réel, laboratoire d'analyses médicales en tout genre (glycémie, cholestérol, cellules ou marqueurs tumoraux), nous transmettant (smartphone, tablette, cloud) et collectant des données d'analyses qui ne sont à notre époque que des photos à l'instant t.

— la mise en commun de nos dysfonctionnements, de nos fichiers « log » faisant état de nos diagnostics à l'image de ce qui se fait automatiquement (après notre accord) par nos applications qui « plantent » sur nos téléphones portables, avec pour but l'analyse et l'étude de vastes cohortes de population.

— l'amélioration du dépistage et de la réparation en anténatal. Je ne parle volontairement pas du choix ou de la sélection. Il s'agit à mon sens d'un questionnement passager de notre temps lié à l'antériorité de l'amélioration des moyens diagnostics sur les avancées des techniques thérapeutiques. Ceci disparaîtra donc avec la possibilité exponentielle que nous aurons de réparer.

Améliorer les traitements :

    — En stimulant les mécanismes biochimiques de réparation cellulaire.

— En stoppant d'autres mécanismes de mort ou de dégénérescence cellulaires. Il a par exemple été trouvé que la production dans l'hypothalamus des souris d'une certaine protéine appelée NF-kB enclenche le processus de vieillissement de manière graduelle. Par conséquent, en bloquant la production de cette protéine, on ralentit le vieillissement et, à l'inverse, en stimulant sa production, on l'accélère. On pourra faire de même, en agissant sur l'activité de gènes produisant enzymes et protéines impliquées dans le processus de mort ou de réparation cellulaire (TP53, télomérase…)

— En favorisant le rajeunissement cellulaire, la « transdifférentiation ». Ce processus existe dans la nature, chez une petite méduse des Caraïbes appelée « Turritopsis nutricula ». Cette dernière est immortelle au sens biologique, de par sa capacité à inverser son processus de vieillissement.

— En utilisant d'autres nanorobots, pour délivrer des médicaments ciblés, ou carrément assurer la maintenance de certains organes, en nettoyant par exemple les artères ou en réparant d'autres tissus défaillants.

— En injectant des nanoparticules excitables par un laser ou un champ magnétique pour détruire des lésions, ou réparer à distance certaines déficiences.

— En fabriquant des nouveaux médicaments de synthèse comme l'artémisinine dans le traitement du paludisme.

— Avec l'aide de la robotique, en traitant certains handicapés par l'implantation de micropuces, ou en les dotant de membres robotisés [72].

— En stimulant « la repousse d'organes », l'autorégénération. C'est ce qu'on appelle la médecine régénérative. Beaucoup de chercheurs pensent d'ailleurs que cette capacité est intrinsèque à tous les vertébrés, mais qu'elle se trouve inactivée chez la quasi-totalité d'entre eux. C'est pourquoi ils continuent leurs efforts pour découvrir le bouton « ON » que nous posséderions en nous. Faire repousser un foie, des follicules pileux, un membre amputé pourrait être possible, à l'instar de la salamandre qui peut refabriquer entièrement un membre ou une patte perdue. Des études tendent à montrer que cette capacité serait liée aux cellules macrophages [73].

— L'utilisation de la génomique, de la thérapie génique utilisant des nanovecteurs pour corriger ou enrichir l'ADN de nouvelles séquences permettant la production de nouvelles protéines et l'acquisition de nouvelles propriétés (défenses immunitaires).

---

[72] L. Avan, H. J. Sticker, L'Homme réparé : artifices, victoires, défis, Gallimard, coll. « Découvertes », 1988

[73] James W. Godwin et all. Macrophages are required for adult salamander limb regeneration. Pas, vol. 110 no. 23, 9415-9420. 2013

Tout cela aura inévitablement pour impact de faire reculer les maladies et d'allonger la vie en bonne santé.

Par exemple par le blocage de NF-kB dans le cas des souris, celles qui vivaient plus longtemps, voyaient aussi leurs muscles, leur peau et leur mémoire durablement préservés.

Ainsi, vivre sans maladie et vivre plus longtemps semblent constituer deux faces d'une même pièce...

L'homme augmenté

Il s'agira d'améliorer les capacités de l'homme, en lui mettant à disposition des outils, des appendices, des modules qui lui conféreront de nouvelles capacités.

L'homme est déjà entré dans cette voie et bien plus qu'on ne l'imagine. Une montre nous permet de nous situer dans le temps en nous passant des étoiles. Le téléphone mobile nous a permis de nous affranchir du fil et des signaux de fumée, les lunettes ou lentilles de contact de recouvrer la vue et certains vêtements de nous adapter aux climats les plus rudes.

Néanmoins quelle que soit la transformation envisagée, elle devra être réellement utile, discrète et personnalisable.

L'optique connectée

Les lunettes connectées de Google étaient une première étape. Les encombrants casques de réalité virtuelle en seront une autre, dans ce qui semble aujourd'hui inévitable : l'interaction croissante du réel et du virtuel, dans ce qu'il est courant d'appeler la réalité augmentée.

La réalité augmentée correspond tout simplement à l'affichage d'information en superposition à l'environnement visible. Un concept qui a commencé à prendre forme il y a près de 30 ans.

Dès le début des années 90, le centre de recherche PARC de Xerox à Palo Alto s'est mis à œuvrer de telles applications [74]. L'université de Columbia a expérimenté des lunettes intelligentes capables d'apporter à tout moment une perception plus affinée de la réalité, avec en tête des applications concrètes : si un problème survient avec la photocopieuse, le simple fait d'enfiler ces lunettes ferait apparaître une flèche indiquant où se trouve la panne et le geste à effectuer pour la réparer.

---

[74]   www.parc.com/services/focus-area/led-lasers/

Si comme toutes les technologies, l'effacement est une étape essentielle de l'acceptabilité à grande échelle, les lentilles connectées en seront un vecteur essentiel. Elles auront l'avantage de la liberté garantie (de les porter ou non) et de la discrétion qui devrait permettre aisément de les oublier.

Cette technologie consiste à insérer une puce et un système d'affichage dans le plastique d'une lentille de contact.

Babak Parviz et ses collègues de l'Université de Washington ont été parmi les pionniers de la réalité augmentée. Ils ont élaboré une lentille permettant d'afficher des informations virtuelles. Depuis, le chercheur est tout d'abord passé chez Google et s'est trouvé à l'origine du développement des fameuses « Google Glass ». Même si ce prototype n'a pas eu de suites commerciales, ces lunettes ont illustré les pistes suivies pour informatiser les accessoires ou les vêtements que nous porterons.

« Nous travaillons à convertir des lentilles de contact en microsystèmes fonctionnels [75] », expliquait en 2009 Babak Parviz, qui est depuis passé chez Amazon, un des autres géants de GAFA. « Pour l'heure, les lentilles de contact sont des morceaux de polymères moulés dans une certaine forme afin de corriger la vision. En intégrant de l'électronique, de la photonique et d'autres composants à l'échelle micro et nano sur les lentilles de contact, nous espérons changer de manière fondamentale l'usage de ces objets. »

L'étape suivante va consister à insérer un capteur Wi-Fi dans la lentille et une source d'énergie qui pourrait être solaire. Ainsi, fin 2015, Google a déposé un brevet [76] pour intégrer une cellule solaire dans la lentille de contact. La source de lumière pourrait aussi bien être la lumière naturelle qu'une lumière artificielle. Avec une liaison vers le Web ou un ordinateur, toutes sortes de données pourraient atterrir sur le champ de vision.

S'il est impossible de prédire la précision d'affichage qu'il sera possible d'atteindre sur une lentille de contact, Parviz veut croire que

---

[75]   J.-M Lefranc, D. Ichbiah, Les Rebelles numériques, Kindle, 2014
[76]   patft.uspto.gov/netacgi/nph-
Parser?Sect1=PTO2&Sect2=HITOFF&u=%2Fnetahtml%2FPTO%2Fsearch-
adv.htm&r=54&f=G&l=50&d=PTXT&s1=Google.ASNM.&p=2&OS=AN/Google&RS=A
N/Google

les potentiels sont vastes : « Selon la complexité, la capacité et la sophistication de l'affichage, les applications seront de toutes sortes/.../Cela pourrait aller d'un affichage rudimentaire avec quelques pixels et une seule couleur à un affichage multicouleur pour des applications de réalité augmentée. Si nous y parvenons, alors la plupart des appareils mobiles que nous utilisons aujourd'hui (téléphones, ordinateurs portables, PDA, etc.) n'auront plus besoin d'un écran et il sera donc possible de réduire notablement leur taille. »

Une fois que la lentille sera en mesure d'envoyer ce qui est perçu à un ordinateur, lui adresser en retour des informations de réalité augmentée ne sera qu'une formalité. Ainsi lors de la visite d'un musée, lorsque l'on passera devant un tableau, un commentaire pourrait apparaître sur l'œuvre.

Par ailleurs, les lentilles pourraient servir de guide pour déambuler dans une cité. À peine enfilées, elles enrichiraient le monde extérieur d'informations précieuses : nom d'une rue, monument le plus proche, équivalent en euros du prix en pesetas d'un article vu dans un magasin, traduction d'une affiche...

On pourrait également imaginer une aide automatique qui s'adapterait à toutes les situations selon le niveau d'assistance souhaité. En prenant un livre dans une librairie, on verrait ainsi s'afficher la note moyenne attribuée par ceux qui ont acheté ce livre sur Amazon, ou encore se projeter sur une page blanche les commentaires apportés par les lecteurs ou critiques. Mieux encore, en lisant un article de magazine, on obtiendrait l'affichage d'une vidéo qui permettrait d'en apprendre davantage sur la nouvelle chroniquée, ou encore les scores d'un match mis à jour.

Il deviendrait possible d'afficher mails, SMS, films, de surfer, cliquer ou tourner les pages d'un simple battement de cils, d'avoir accès à nos données personnelles, de nous affranchir d'un grand nombre d'usages qui nous relient à nos téléphones ou montres connectées.

On pourrait enfin relever la tête et retrouver le plein usage de nos deux mains.

Les logiciels de reconnaissance de formes nous inscriront plus que jamais dans notre environnement : reconnaître une plante, un arbre, un champignon, déterminer une dimension, une distance.

La reconnaissance faciale et l'affichage de la biographie de nos interlocuteurs pourraient être intégrés.

Ainsi, l'accès à l'information immédiate et facile, rendra la nécessité de stockage, de mémorisation, de moins en moins utile et ce au profit d'autres capacités, de la même façon que nos disques durs se vident de leurs musiques et de leurs films, dans « les nuages », pour faire place à des applications de plus en plus nombreuses.

Quel intérêt de conserver la même chanson dans mille ordinateurs, quand ceux-ci peuvent y avoir accès par l'intermédiaire d'un seul serveur ?

Nous aurions également la possibilité de filmer, de prendre des photos, de nous affranchir de toute interface entre ce que nous voyons et sommes en capacité de conserver. Afficher ce que voit l'autre deviendrait possible. L'apprentissage en deviendrait transformé.

Par ailleurs, toujours selon Parviz, toutes sortes de professions pourraient bénéficier d'un tel accessoire : « les pilotes, les conducteurs automobiles, les docteurs, les travailleurs en usine, les architectes, les conservateurs de musée, sans oublier les joueurs. »

Ainsi aux États-Unis, des chirurgiens de l'université d'Alabama de Birmingham ont testé une solution mêlant les « Google Glass » et un logiciel de réalité augmentée. Depuis son bureau, un chirurgien assistait son collègue en lui indiquant les gestes à effectuer. Ses mains filmées par une caméra apparaissaient en image de synthèse, dans le champ de vision du chirurgien portant les « Glass ».

Citons encore les lunettes « Eyes-On », précédemment citées. Commercialisées depuis 2014, elles permettent de voir les veines à travers la peau en temps réel, pour faciliter les injections ou les prélèvements sanguins.

Mais la réalité augmentée peut aussi servir à des applications plus controversées, notamment dans le domaine de la sécurité. La reconnaissance faciale peut permettre une surveillance optimisée des lieux publics. Si le recours à la réalité augmentée semble évident d'un point de vue technique, il soulèvera sans aucun doute de grandes controverses en matière de protection des libertés publiques et de confidentialité.

De nombreux acteurs se sont déjà positionnés sur le marché de la réalité augmentée. Facebook en rachetant Oculus VR [77] et son projet de casque de réalité virtuelle, entend miser sur le caractère socialisant que peut — paradoxalement — représenter une réalité modifiée, mais partagée.

En effet, parfois critiquée pour sa faculté à isoler une personne dans un monde imaginaire, la réalité virtuelle peut également proposer des expériences sociales innovantes.

Oculus VR explore actuellement des pistes pour renforcer l'expérience sociale de la réalité virtuelle. « Nous pensons que l'avenir de la réalité virtuelle au cinéma est d'ordre social. Vous devez être avec vos amis même si vous n'êtes peut-être pas dans la même pièce. Peut-être que malgré cela vous allez être au même endroit en même temps. C'est là où la frontière entre le cinéma et l'expérience massivement multijoueur commence à se brouiller » explique Edward Saatchi, producteur d'Oculus Story Studio.

La société a par exemple mis en avant une expérience interactive qui met deux spectateurs dans la peau de lucioles. « Nous pouvions nous regarder l'un l'autre et voler ensemble, alors que la scène se déroulait autour de nous. C'est à la fois étrange et à couper le souffle, ce qui est une bonne chose » estime le testeur [78].

Voyager à plusieurs dans un même salon, retrouver un groupe d'amis pour virtuellement boire un café au milieu de la savane, chacun chez soi, mais tous ensemble, ou décider de passer ensemble la soirée dans un manoir hanté en chaussant son casque. Se « retrouver » virtuellement à un concert de rock, jouer de la musique ensemble, en étant aux quatre coins du monde, voilà autant de possibilités, qui bien que modifiant la perception du réel, resteront socialisantes en permettant le partage.

Microsoft vient à son tour de se lancer dans le grand bain de la réalité augmentée avec son concept « HoloLens [79]». Il s'agit de lunettes, qui renferment tous les composants d'un véritable ordinateur, accompagnés de capteurs permettant de détecter les mouvements de la tête et les gestes. Les « HoloLens » affichent des objets en 3D immergés dans notre environnement que l'on peut manipuler et observer sous tous les angles.

---

[77]   https://www.oculus.com/en-us/rift/
[78]   www.clubic.com/mag/trendy/actualite-768066-oculus-vr-realite-virtuelle-sociale.html
[79]   www.microsoft.com/microsoft-hololens/en-us

Ces lunettes tourneront sous Windows 10, ce qui veut dire que l'interface et les applications pourront être affichées sous forme d'hologrammes dans un espace physique. Microsoft considère qu'il s'agit ni plus ni moins que de l'ordinateur du futur...

Les Google Glass, qui ont été rebaptisés « Aura Project », pourraient bientôt être capables de projeter des hologrammes. C'est en tout cas ce que semble décrire la demande de brevet que Google a également déposé en octobre 2015.

Il faudra aussi surveiller le japonais Sony qui a présenté il y a peu un kit pour transformer n'importe quelle paire de lunettes en « smartglasses ». Le constructeur japonais destine ce produit à des activités sportives (course à pied, golf, tennis, cyclisme, etc.), mais aussi à un usage professionnel pour des applications à des métiers spécifiques.

Mais le principal défaut de tous ces systèmes reste leur encombrante ergonomie, qui passé la phase de découverte pourrait conduire à une certaine lassitude.

Cette optique augmentée aurait également la possibilité d'être déportée sur des objets de la vie courante, en superposant l'information utile sur divers types de surfaces transparentes, à commencer par le pare-brise de l'automobile. Le conducteur pourrait y voir apparaître des informations d'itinéraires, de circulation routière, ou même des données calculées en temps réel, comme la vitesse des autres véhicules.

À très long terme, certains évoquent même la possibilité de supprimer les panneaux routiers (sens interdit, villes proches, etc.), dans la mesure où ces informations apparaîtraient sur la surface du pare-brise de l'automobile. Le conducteur pourrait également voir apparaître des informations le concernant particulièrement (SMS, rappels).

Il serait même envisageable de supprimer les panneaux publicitaires qui enlaidissent les routes : ils ne se matérialiseraient que sur le champ de vision augmenté de l'automobiliste, de manière personnalisée. Une aubaine pour les protecteurs de l'environnement.

Les écrans à affichage « tête haute » sont déjà couramment utilisés par les pilotes de chasse et dans des industries comme l'aéronautique et l'automobile. Boeing, BMW ou encore Volkswagen, pour ne citer qu'eux, ont recours à la réalité augmentée dans leurs processus d'assemblage et de réparation.

Enfin, il faut noter que certaines technologies devraient permettre d'accéder à la réalité diminuée, c'est à dire avoir a contrario la capacité de soustraire certains objets que nous jugeons inutiles à notre environnement, comme la publicité.

Augmenter les perceptions auditives

Les implants cochléaires sont des appareils électroniques permettant de stimuler les terminaisons nerveuses de l'audition se trouvant dans la cochlée. Véritable révolution pour les personnes sourdes et malentendantes, les implants cochléaires permettent de réactiver des capacités auditives perdues ou manquantes et de percevoir un certain nombre de sons.

Le fonctionnement cochléaire et la physiopathologie des surdités profondes sont longtemps restés une énigme jusqu'en 1930, date à laquelle il a été démontré que le rôle essentiel de la cochlée, situé dans le rocher, était de transformer une énergie acoustique en énergie électrique. D'où l'idée née dans les années 1950, en cas de cochlée déficiente, de stimuler directement les terminaisons nerveuses auditives par un message électrique. Depuis 1957, date de la pose du premier implant cochléaire en France, la technologie a évolué, mais le principe est resté le même. Accrochée derrière l'oreille, une sorte de microphone enregistre les sons et les transforme en signaux électriques. Ce microphone est relié à un émetteur, qui prend la forme d'un disque implanté dans la peau près de l'oreille. Des ondes radio sont transmises au travers de la peau et sont interprétées par un récepteur situé à l'intérieur de la tête. Le récepteur est relié à un fil électrique dont l'extrémité est enroulée dans la cochlée et sur lequel sont placées des électrodes. Les fibres nerveuses à proximité des électrodes sont activées et transmettent les informations au cerveau via le nerf auditif.

La transformation du cerveau

Le numérique est déjà notre appendice. Ce sont nos « smartphones » qui gèrent nos plannings, nos contacts, nos rapports au monde qui nous entoure et nous localisent. Ils sont déjà notre espace et notre temps.

S'affranchir un maximum des interfaces et de tous les appendices précédemment cités sera un objectif. Il ne resterait donc que nous, le « cloud » et probablement une interface neuronale discrète, en tous les cas tant que nous habiterons notre corps.

Elle pourra nous relier à une extension de mémoire vive, à l'immense base de données issue du Big Data, d'outils de calcul ou d'aide à la décision et plus généralement en reliant directement notre organisme aux systèmes numériques.

Déjà le savoir n'est plus qu'à quelques clics de souris. Il est donc juste question de s'affranchir de ces quelques manipulations.

C'est ce qui a été réalisé à l'université de Georgie, avec le prototype « BrainBrowser [80] » destiné à surfer sur le web par la pensée. Cet « internet neuronal », comme l'appellent les responsables du projet, est pour l'instant rudimentaire : le navigateur permet à un utilisateur de passer d'une page web à l'autre en cliquant par la pensée. Mais ce qu'il sous-tend n'est pas négligeable, tant la métaphore de cerveaux mis en réseau via internet est ébouriffante.

Pour savoir, seul l'apprentissage du système sera nécessaire. Savoir créer un connectome entre notre cerveau et celui du Big Data, mais également de tout l'inerte qui nous entoure devenu « intelligent », grâce à des puces. Par la pensée, éteindre la lumière, allumer le four ou ouvrir le portail, se feraient par une interface neuronale externe et discrète.

Les nombreuses recherches sur les techniques non intrusives ont d'ores et déjà abouti à des résultats significatifs. Par exemple, le projet européen ABI (Adaptive Brain Interfaces) a permis d'élaborer au début des années 2000, des interfaces d'un genre nouveau, basées sur l'état mental d'un individu. Ce dernier dispose d'un casque enveloppant son crâne, qui mesure les ondes cérébrales qu'il émet. À chaque état mental correspond une action. L'utilisateur apprend à se servir de l'interface, en s'efforçant de présenter un état mental distinct (relaxation, visualisation mentale, imagination du

---

[80]   brainbrowser.cbrain.mcgill.ca

mouvement d'une main…) chaque fois qu'il souhaite contrôler l'ordinateur par la pensée. Le projet a permis de démontrer qu'un utilisateur entraîné pouvait parvenir à jouer à Pacman par la pensée, ou à taper des textes à l'aide d'un clavier apparaissant à l'écran[81].

Mais le chemin est encore long avant que la télépathie devienne accessible et que nous puissions devenir des « Jedi ».

Augmenter les interactions avec le monde technologique qui nous entoure

L'optique connectée, la réalité virtuelle et certaines fonctions des implants cochléaires ne seront pas le seul moyen de rapprocher la technologie de l'homme.

Si les bracelets connectés ont peu d'avenir au regard de ce que proposent des montres connectées — qui au passage ont l'avantage de donner l'heure —, progressivement un certain nombre d'objets vont devenir « intelligents » : Apple travaille actuellement à une bague connectée ; les vêtements pourront intégrer certaines fonctionnalités comme des capteurs de pollutions, de température ou cardiofréquencemètre, avec transmission des données au « smartphone ».

Citons encore le « Project Jacquard [82] », de Google ATAP (Advanced Technology and Project) et Bart Sights, le directeur de l'innovation pour Levi Strauss, qui consiste à transformer des objets du quotidien et en particulier les textiles, en système d'interaction. En clair, toute pièce d'habillement textile peut devenir par ses propriétés conductives, le support par lequel vous commandez téléphones et autres tablettes. Par un glissement de doigt, votre téléphone peut appeler un contact prédéfini. Avec l'essor de la domotique, ce même glissement de doigt pourrait changer la climatisation, baisser les stores, tamiser l'ambiance, etc.

Mais ces interfaces d'interactions avec le monde connecté vont peut-être également finir par s'intégrer à nous-mêmes.

---

[81]   infoscience.epfl.ch/record/82909/files/millan_2003_hci.pdf
[82]   www.google.com/atap/project-jacquard/

C'est du moins ce que propose Hannes Sjöblad, membre du collectif BioNyfiken et porte-parole pour la Suède de la Singularity University, le « think tank » transhumaniste financé par Google et la Nasa. Ce biohacker, propose depuis la fin de l'année 2014, lors d'« implant party » et moyennant 200 euros, de vous injecter sous la peau une puce NFID de la taille d'un grain de riz et recouverte d'un verre biocompatible et ainsi de vous « upgrader ».

Désormais, celui qui en est équipé peut ouvrir la porte de son bureau, démarrer sa voiture, régler la hauteur de son siège, mettre la radio sur sa fréquence préférée, déverrouiller son Smartphone, son ordinateur, payer, stocker des informations, etc ; bref, commander tout ce qui fonctionne sans fil, à condition que les appareils qui nous entourent soient équipés d'une technologie capable de « lire » la puce. Plus de 10 000 personnes seraient déjà implantées dans le monde.

Pour ma part, je ne crois pas que ce type de dispositif soit une grande promesse technologique.

Si ce type d'objets assurément fleuriront autour du corps, l'obsolescence programmée des appareils n'incitera personne à s'implanter un dispositif qui quelques mois après sera dépassé.

Les patchs électroniques ont en cela un avenir prometteur. Parmi eux, le Digital Tattoo, conçu par Google et Motorola, qui permet de débloquer certains « smartphones ». Plus utile, le SEEQ Mobile Cardiac Telemetry System de Medtronic permet de mesurer le rythme cardiaque et d'alerter les malades en cas de problème. Développé par MC10 et Ericsson, le Biostamp collecte certaines données physiologiques (pression sanguine, taux de sucre, de cholestérol, exposition aux UV, etc.), et permet au besoin de générer des alertes, soit au patient par l'intermédiaire d'une application dédiée du « smartphone », soit directement dans le dossier médical partagé.

Chapitre 4

Un environnement qui nous préserve

Toujours la même question

On pose toujours la question de l'environnement, probablement par respect, de notre point de vue et selon le même schéma :

1/ Nous sommes responsables de la course à la productivité, d'une surconsommation, de la surexploitation des sols et des ressources, de la déforestation, de la stérilisation des terres polluées, d'un appauvrissement de la biodiversité et des micro-organismes, et par voie de conséquence des bouleversements climatiques.

2/ Que devons nous faire pour respecter l'environnement ?

Pourtant à l'échelle de notre planète l'homme n'est qu'un épiphénomène, un problème certes embarrassant, voire particulièrement pénible, mais qui peut être facilement résolu. Catastrophes naturelles, épidémies, variation de la température d'une dizaine de degrés, épuisement des ressources qui nous sont indispensables (mais pas à tout le vivant), suffiraient à nous faire disparaitre en une pichenette de quelques milliers d'années tout au plus.

La véritable question, que l'on doit donc plus humblement se poser est : que devons-nous faire pour que notre environnement continue à nous tolérer ? Cette mise en perspective est essentielle. Si nous sommes incapables de répondre de manière positive à cette question, l'homme de chair et de sang, aussi augmenté soit il disparaitra aussi surement que les 99 % d'espèces qui se sont éteintes sans jamais réapparaître depuis la création de la terre [83].

L'homme vit comme si la planète n'était qu'un gisement de ressources à épuiser. Comme l'explique Pierre Rabhi dans son livre « Le monde a-t-il un sens ? [84] », nous sacrifions la terre pour le lucre, avec d'un côté notre vanité à dominer la nature, et de l'autre, celle d'engranger plus que les voisins.

Produire et consommer, c'est le rôle de l'homme à « l'ère pétrolitique », comme la qualifie Pierre Rabhi.

---

[83] C.Mora, D.P. Tittensor, S.Adl, A.G.B Simpson et B.Worm, « How many species are there on Earth and the ocean ? » PLoS Biology, 23 août 2011

[84] J.-M. Pelt, P.Rabhi, Le monde a-t-il un sens ?, Fayard, 2014

La compétition et la confrontation entre êtres humains ne peuvent aboutir qu'à l'anéantissement et au désastre, humain et environnemental. Chaque peuple aspire à juste titre à la croissance et au progrès.

Mais contrairement au mécanisme de symbiose le plus répandu dans l'histoire de l'univers, l'homme a renoncé.

Il a préféré au principe d'associativité celui de la fragmentation et de toutes les forces de la dualité.

Or, comme l'explique Jean-Marie Pelt dans l'ouvrage collaboratif de Trinh Xuan Thuan [85], « Le moment est venu d'inverser cette manière de voir, notamment dans l'éducation des enfants, et de considérer que (…) la coopération — ou symbiose ou mutualisme ou commensalisme — est une force puissante de l'univers et de la vie en particulier. »

On voit bien que la réponse au réchauffement climatique ou à la déforestation ne peut être scientifique avant d'être profondément sociologique, voire civilisationnelle.

---

[85]   Trinh Xuan Thuan, Face à l'Univers, Autrement, 2015

L'indispensable changement de civilisation

On reviendra plus profondément sur cette notion dans la prochaine partie, mais il faut dès à présent souligner que la prise de conscience du monde qui nous entoure changera radicalement le rapport entre les peuples.

Après avoir lutté pour nous affranchir de la nature, nous découvrons, par une succession de canicules et de catastrophes écologiques, l'interdépendance de notre civilisation avec le monde qui nous entoure.

Bien plus que de simples habitudes, c'est l'ensemble de l'économie, de notre pensée, de nos relations sociales qu'il faut transformer.

La mondialisation nous oblige à la convergence.

Chaque pays ne vit pas sur une planète distincte. Les habitudes et les actes des uns ont des répercussions sur les autres et c'est donc bien une civilisation avec des valeurs communes qu'il faut bâtir. À quoi servirait une conférence sur le climat sans engagement de la Chine ou des États-Unis ? La simple cohabitation des peuples ne suffit plus, à l'heure où nous nous réveillons sous le même toit, pour ne pas dire dans le même lit. Ce changement est déjà à l'œuvre. Jour après jour, internet tisse les liens nécessaires.

Modeler l'environnement

Bien entendu, il faudra conduire en souplesse pour consommer moins, trier au mieux ses déchets pour favoriser le recyclage, économiser l'eau et l'énergie…

Autant de bonnes pratiques qui, à l'échelle d'un pays, contribuent à réduire — entre autres —, les émissions de gaz à effet de serre et donc le réchauffement climatique.

L'homme tente ainsi de s'effacer, de se faire discret, de diminuer son empreinte carbone. Mais ce ne sera pas suffisant et là encore, il faudra innover.

Cela passera notamment par une nouvelle étape dans la création du vivant. Faire la synthèse de bactéries ou de plantes capables de se nourrir de déchets toxiques, de « nettoyer », le vivant.

À partir de l'utilisation de biomasse lignocellulosique ou de déchets organiques, la biologie de synthèse pourra également contribuer à produire de nouveaux carburants.

Produire les ressources naturelles utiles au vivant est un autre aspect de cette modélisation. L'ensemble de la population mondiale de phytoplancton, ces minuscules algues omniprésentes dans les océans, produit à elle seule 50 % de la photosynthèse nécessaire à la vie sur Terre.

Apprendre à contrôler leur développement pourrait être utile pour ajuster certains excès ou carences liés à notre présence.

Chapitre 5

Le Robot guidé vers son destin

Une chose est certaine, le robot déchaine les passions, mobilise rêves et énergies. Redouté par certains, il génère une fascination et un enthousiasme débordant pour d'autres. On en parle au futur, mais les robots ont déjà pris une telle place dans notre quotidien qu'aucun virulent détracteur ne souhaiterait sérieusement les remettre en cause : robots industriels accomplissant des tâches à haute dangerosité, maintenance de centrales nucléaires, déminage, exploration des planètes hostiles et des grandes profondeurs marines. Qui pourrait souhaiter en toute honnêteté que l'homme se passe de cette aide précieuse ?

C'est au contraire par l'absence de robots que bien des drames humains persistent. Le monde entier s'est ainsi étonné de l'absence de robot compétent lors de la catastrophe de Fukushima.

Les robots sont conçus par l'homme et pour l'homme. Ce qu'ils deviendront ne dépend — pour l'heure — que de nous, à moins bien entendu que — principe de précaution oblige — nous finissions par trouver plus sage de ne rien faire, dans l'unique but de ne pas se tromper.

Qu'est-ce qu'un robot ? La norme 13482 de l'ISO (Organisation internationale de normalisation) en donne une définition qui fixe un cadre, qui de prime abord peut paraître restreint : « C'est un mécanisme programmable actionné sur au moins deux axes avec un degré d'autonomie et se déplaçant dans son environnement pour exécuter des tâches prévues. »

Ainsi, en fonction du degré d'autonomie et si parmi les tâches prévues on intègre l'imprévu, le cadre s'élargit de manière intéressante…

Dessine-moi un robot

Le robot est donc un mécanisme. Il est par conséquent palpable et bien réel. Les « robots » informatiques (type moteurs de recherche) n'en sont donc pas, au regard de cette définition.

Pour ce qui est de la programmation, cette contrainte physique est un sérieux problème. Ceci est très bien expliqué par Rodolphe Gelin dans son livre : « Le robot, meilleur ami de l'homme ? [86] »

Par exemple en choisissant un robot bipède, il faudra bien choisir le poids du robot, pour déterminer la force dont les jambes auront besoin pour l'une après l'autre soutenir le poids total, c'est-à-dire le robot moins une jambe — car on ne marche pas en sautant.

Mais dans l'hypothèse initiale du poids du corps, il faudra tenir compte de ce que le robot pourrait être amené à transporter dans une ou deux mains.

Autre problème, le choix de la batterie, c'est-à-dire de l'autonomie du robot — aura elle-même une influence sur le poids du robot... et donc de son autonomie.

Et pour mouvoir ce robot, il faudra choisir des moteurs dont la consommation — et donc l'autonomie — sera dépendante du poids total.

Rodolphe Gelin résume ainsi : « Donc en gros, pour déterminer le poids du robot, il faut connaître le poids du robot à l'avance »

À ce stade, vous devez commencer à avoir mal à la tête.

Et pourtant tout ne fait que commencer. Car après s'être à peu près décidés sur un poids, une taille, une autonomie et une vitesse de déplacement, les modèles tout d'abord informatiques de « robots virtuels » doivent en permanence faire des ajustements entre ces différentes valeurs, des compromis. Par exemple, la taille des moteurs choisis, le câblage, les connecteurs et les cartes électroniques viendront à nouveau modifier le poids et l'autonomie...

Pour résumer, la partie « mécanique » du robot n'est pas une mince affaire. On voit déjà comment la multitude de problèmes posés vient

---

[86]   R. Gelin, Le robot, meilleur ami de l'homme ? Le pommier, 2015

rendre hommage à l'intelligence de l'homme, plutôt que réellement la menacer ! Et l'on en revient à la « confiante bienveillance »…

Une fois la mécanique de notre robot bien en place il faudra « l'éveiller », lui créer « un cerveau » qui lui permette de transmettre des ordres et des actions à ses membres. Le « cerveau » sera un ordinateur et les nerfs seront les câbles et les différentes cartes électroniques. L'information circulera à l'aide de « bus » informatiques et devra se faire dans les deux sens. C'est-à-dire qu'elle devra remonter des différents capteurs extéroceptifs qui permettent au robot de s'inscrire dans un environnement, pour réagir de manière adaptée. Par exemple, un capteur visuel, un télémètre à ultrasons ou un GPS pourront renvoyer des indications de distances, d'obstacles, de positions qui modifieront éventuellement les ordres renvoyés par un ou plusieurs bus aux différents membres, pour maintenir une trajectoire ou une action préalablement définie.

La base de la robotique relie ainsi la perception, la décision et l'action.

Un exemple actuel de cette robotique de base grand public est le robot aspirateur. Les progrès qui l'amèneront par exemple à choisir les pièces à nettoyer en priorité, à prendre l'initiative de se vider, de nous faire la conversation ou de savoir apprendre de ses erreurs sans trop « la ramener », prendront plus de temps…

La perception de l'environnement va donc plus loin que de simplement savoir éviter les obstacles. Cela nécessite un grand nombre d'aptitudes : reconnaitre la pièce, les éventuelles portes et poignées qui séparent chaque pièce, connaître les actions à réaliser pour passer d'un espace à l'autre. Ceci peut se faire à l'aide d'une localisation métrique, par exemple un télémètre laser tournant, solution dite de SLAM (Simultaneous Localization and Mapping) ou plus « humainement », c'est-à-dire plus naturellement pour nous par localisation topologique.

C'est-à-dire que — comme nous — le robot ne va pas chercher à savoir quel chemin, en terme de mètres, il faut parcourir pour se déplacer à la cuisine (« tout droit 10 mètres, puis 2 mètres à gauche, puis 1 mètre à droite »), mais plutôt en reconnaissant les lieux (après le salon, c'est la deuxième porte à gauche). Ceci nécessite donc un apprentissage des lieux par la création d'une base de données (« voici le salon et voici la cuisine »), mais également d'avoir la capacité de s'adapter aux changements éventuels : luminosité ou inversion des pièces (« la cuisine, c'est la pièce ou il y a une plaque de cuisson, le réfrigérateur et l'évier »).

Dans cette perception, il faut également y inclure les objets « non constants », c'est-à-dire le vivant, les visages, les êtres proches ou inconnus et le fragile (il faut éviter plus soigneusement un bébé qui nous tire la jambe que le coin d'une table). C'est ce qu'on appelle l'interaction homme-robot.

Pour que le robot puisse nous comprendre, communiquer, il devient essentiel de faire rentrer dans la danse les « spécialistes » de l'homme : sociologues, linguistes, ethnologues, psychologues. C'est à eux qu'incombe la tâche de définir ce que le robot doit écouter, pour comprendre l'homme et à son tour se faire entendre, et communiquer.

Une première étape est celle de la reconnaissance de l'interlocuteur. Cette reconnaissance peut être visuelle, mais elle doit nécessairement être également auditive, lorsque par exemple le robot est appelé d'une autre pièce. Ces techniques à présent bien au point nécessitent néanmoins — comme toutes les qualités nécessaires que nous allons aborder — de la puissance de calcul et de la mémoire, pour stocker la base de données ainsi créée.

Le langage parlé est au quotidien le plus intuitif (on ne va communiquer au quotidien par messages écrits), mais non dénué d'importantes difficultés.

Tout d'abord, il faut mentionner l'utilisation de la synthèse vocale qui permet de générer une parole artificielle. Actuellement, les dispositifs matériels et les algorithmes présentent encore de nombreuses difficultés : distinguer pour les prononcer différemment les homographes (« Les poules du couvent couvent »), la lecture des abréviations, des nombres complexes et des dates (« 13/09/98 »), la difficulté des liaisons, l'intonation (« pour un point d'interrogation élève-t-il la voix en fin de phrase ? »), la lecture de mots rares ou inconnus, l'oralisation des noms propres (faire prononcer par exemple les prénoms Vincent, Émile, Jordan, etc., et comparer) et des mots ne répondant pas à la phonographie du langage utilisé.

Ainsi l'aide des grammairiens et des statisticiens devient essentielle (par exemple si « Bush » suit le mot président il est statistiquement plus fréquemment prononcé « bouch » que « buch », que ce soit avec Georges Bush ou Bill Clinton d'ailleurs !)

Mais l'écoute est également une autre difficulté pour le robot. Tout d'abord, il peut être mécaniquement limité dans sa qualité d'écoute : un environnement bruyant, son propre bruit, certains échos ou un asynchronisme de réception entre ses deux « oreilles-micros » peuvent ainsi gêner sa perception.

Ensuite parce que si plusieurs personnes parlent, il lui faudra gérer et différencier les sources sonores dans sa perception pour adapter sa réponse (« qui me parle et à qui dois-je répondre ? »).

D'autre part, il doit apprendre à se taire, à ne couper la parole que dans certaines circonstances et donc à reconnaître le moment où il sera en droit de parler.

Mais il ne faut pas non plus que cette pause dans la conversation s'éternise, car au-delà de 3 secondes, une conversation ne sera plus considérée comme naturelle.

La difficulté suivante du langage parlé va venir de la compréhension. Comment va-t-il analyser la retranscription — probabiliste — de ce qu'il aura entendu ? Tout d'abord comme l'explique encore Rodolphe Gelin « en établissant une base de règles (…) définie pour lier l'ensemble des mots que le robot comprend à des actions qu'il sait faire » (par exemple, en entendant bonjour, hello, salut, le robot va répondre « Bonjour ! »).

Ainsi l'acte de langage « salutation » sera associé chez le robot à un autre acte de langage, pouvant être composé également de plusieurs mots.

Et c'est comme ça que les compétences de dialoguistes pour robot deviennent nécessaires.

Il faudra également que le robot puisse éventuellement adapter sa réponse à l'émotion et par conséquent à l'intonation présente dans la voix de son interlocuteur (il serait peut-être malvenu de répondre de manière enjouée à quelques paroles murmurées dans un sanglot, mais cette réponse pourrait également être parfaitement adaptée à la situation.

L'expression corporelle est un autre moyen de communication qui en précédant, accentuant ou prolongeant le langage parlé, permet au robot d'accéder à un degré supérieur de communication.

En revanche, plus le robot nous ressemble, plus le relationnel est rendu compliqué par ce que certains appellent « La vallée de l'étrange [87]». La description de ce phénomène en a été faite par le

Japonais Masahiro Mori en 1970 puis commentée et analysée à de nombreuses reprises. Il s'agit du malaise, voir de l'angoisse qui nous parcourt quand nous sommes face à un androïde, une poupée du Musée Grévin, ou une star refaite. La ressemblance ne peut cacher une impression de mort, liée à l'inexpressivité qui émane de chacun de ces exemples.

Jean-Claude Heudin décrit bien ce phénomène : « Dessinons un graphe où l'axe vertical représente l'empathie et l'axe horizontal indique la ressemblance avec l'humain, puis plaçons sur ce graphe un ensemble d'humanoïdes artificiels et naturels : un robot industriel, un mannequin de vitrine, le robot Nao, le monstre de Frankenstein, un zombie, un cadavre humain, une marionnette, etc. En reliant entre eux les différents personnages, on obtient une courbe qui commence à croître régulièrement puis qui d'un seul coup s'effondre avant de remonter tout aussi brusquement. C'est ce trou dans la progression de l'empathie qui constitue la vallée de l'étrange [88] ».

C'est pourquoi beaucoup pensent que le robot idéal, même doté d'une anatomie humanoïde calquée sur notre monde et donc nos besoins, ne gagne pas à nous ressembler. La moindre différence physique ou d'expressivité, qui en tentant de copier l'humain n'y arrive jamais parfaitement, devient aussi évidente que dérangeante. À l'inverse, plus les différences physiques sont importantes, plus l'homme devient enclin à chercher les ressemblances qui le rapprochent et à être empathique.

Cette notion est d'ailleurs à rapprocher du « pacte fictionnel » en littérature ou plus encore au cinéma. Il s'agit du processus de « suspension consentie de la réalité », qui nous permet par exemple d'accepter de mettre de côté notre scepticisme pour croire que la lampe de Pixar, vit et éprouve des émotions. C'est l'écrivain britannique Samuel Taylor Coleridge, qui le premier introduisit cette notion en 1817 [89] : « il fut convenu que je concentrerais mes efforts sur des personnages surnaturels, ou au moins romantiques, afin de faire naître en chacun de nous un intérêt humain et un semblant de vérité suffisants pour accorder, pour un moment, à ces fruits de

[87]   M. Mori, 1970, The Uncanny Valley, Energy, vol. 7, n. 4, 33-35
[88]   J.-C. Heudin, Les 3 lois de la robotique, Science-eBook, 2015
[89]   S. T. Coleridge, Biographia Literaria, Chapter XIV, 1817

l'imagination cette "suspension consentie de l'incrédulité", qui constitue la foi poétique. »

Ainsi pour être accepté, un robot devrait être suffisamment différent de nous pour être identifié comme tel, ce qui est la première étape de l'acceptation. Une autre nécessité est de lui choisir une forme, des couleurs, une interface, une voix ou un moyen de communication qui favorise l'empathie. Enfin, il faut une harmonie entre la forme du robot et ses comportements. Je vous invite à regarder la présentation du petit robot Jibo [90], qui en est un bon exemple.

Nous avons ainsi un robot capable de se localiser, de se déplacer, d'interagir avec son environnement, de communiquer et d'être a priori accepté. Mais notre robot est-il pour autant intelligent ?

---

[90]   www.jibo.com

Quand Pinocchio n'était qu'une marionnette

En l'état actuel notre robot est un exécutant : « commande une pizza quatre fromages », « baisse la température dans la maison de 1 °C », « allume la télévision », « lit moi mes derniers mails », etc.

Aussi intéressantes que toutes ces actions puissent être, elles ne sont que le fruit de l'association d'une commande vocale avec des ordres présents dans la base de données qu'il est en capacité d'exécuter. Un premier niveau d'intelligence vient du fait « d'inculquer » un esprit critique. On pourrait attendre de lui qu'au minimum il questionne ou n'accepte qu'après confirmation, certains de ces ordres : « commande 500 pizzas quatre fromages », « baisse la température de la maison de 30 °C », etc.

Mais cela reste de l'implémentation d'une base de données, qui fixerait des seuils d'alertes, des limites — dans ce cas numériques — aux actions sollicitées.

Un niveau supérieur d'intelligence consiste à donner au robot la capacité de choix. Ceci pourrait apparaitre à tort comme un premier niveau de liberté, car là encore les situations seraient programmées. Imaginons que je me blesse accidentellement et me mette à pleurer. Le robot aurait alors le choix entre me faire une bonne blague pour me faire rire (association « il pleure — je raconte une histoire drôle ») et appeler les secours (association « il se blesse — j'appelle les secours »). Ces deux réponses possibles étant présentes dans la base de données, il faudrait au préalable hiérarchiser l'importance de l'évènement déclencheur pour que la décision adaptée soit prise. L'action du robot serait en revanche perturbée si ce choix était absent de la base de données.

Pour qu'il y ait intelligence, il faut aussi que le robot puisse déclencher certaines actions de son propre chef : « la température est trop élevée, je la baisse de 1 °C », « le mardi, c'est pizza ; nous sommes mardi, je commande une pizza ».

Ceci serait parfait, sauf si mardi prochain, exceptionnellement j'avais envie d'avoir plus chaud et de manger des lasagnes…

Le robot pire ami de l'homme ?

On voit ainsi, que très rapidement l'intelligence artificielle par la liberté concédée, va venir bousculer, gêner nos propres libertés. La frontière entre possible et impossible, autrement dit, le champ d'action qui peut être concédé au robot a été mis en lumière par Isaac Asimov dans la préface du premier volume du « Cycle des Robots [91]» au travers de ce qu'il est courant d'appeler « les trois lois de la robotique » :

— Première loi : un robot ne peut porter atteinte à un être humain ni, restant passif, permettre qu'un être humain soit exposé au danger.

— Seconde loi : un robot doit obéir aux ordres que lui donne un être humain, sauf si de tels ordres entrent en conflit avec la Première loi.

— Troisième loi : un robot doit protéger son existence tant que cette protection n'entre pas en conflit avec la Première ou la Deuxième loi.

Il faut d'emblée noter que ces lois ne sont pas absolues. Il existe des exceptions ou des limites.

La première tient à l'interprétation des termes utilisés.

Doit-il également s'abstenir de porter atteinte à mon intégrité psychologique ? Doit-il donc éviter de me faire une réflexion sur le lien entre mon poids et mon abus de pizzas et auquel cas me mentir, quitte à indirectement être complice d'une atteinte à mon intégrité physique ?

Ces situations de dilemmes, Asimov les avait d'ailleurs placées au cœur de bon nombre de ses intrigues, où le plus souvent le robot ne pouvait agir sans qu'il y ait la moindre possibilité de mise en danger de l'humain et devait au final choisir entre deux décisions contradictoires : « Est-ce qu'un robot doit suivre les ordres d'un enfant, d'un idiot, d'un criminel, ou d'une personne saine d'esprit, mais inexperte et donc inconsciente des conséquences de son ordre ? [92] »

---

[91] I. Asimov, Cycle fermé, dans Le Cycle des Robots, Volume 1, titre original I, Robot, J'ai lu, 2012

[92] I. Asimov, That Thou Art Mindful of Him, The Bicentennial Man, Panther Books, 79- 107, 1978

Il faut au passage que le robot puisse faire la distinction entre un homme et un humanoïde.

Il est donc nécessaire de mettre au point des algorithmes très précis, englobant nombre de situations lui permettant d'évaluer la pertinence des ordres en fonction de la situation, mais également des humains qui la donnent. Le type de réponse ne peut être binaire, mais graduel, pour éviter le « roblock », c'est-à-dire le blocage d'un robot pris entre deux ordres contradictoires. Là encore, les nouvelles d'Asimov comme une grande partie des intrigues des œuvres de science-fiction des dernières décennies reprennent cette thématique du choix impossible ou du blocage : « La première loi n'est pas absolue. Qu'en est-il si blesser un humain permet de sauver la vie de deux ou trois autres, ou même de trois milliards d'autres ? Le robot devrait comprendre que sauver la Fédération est plus prioritaire que de sauver une vie [93] ».

L'intérêt du groupe sur l'individu poussera bien plus tard, en 1985, Asimov à proposer une nouvelle loi, « la loi zéro » : « un robot ne peut nuire à l'humanité ni laisser sans assistance l'humanité en danger [94] ».

En se mettant du côté de l'humain, il n'est pas évident que la liberté d'action, de langage et tout ce qui conduirait le robot à respecter les lois de la robotique ne finissent sérieusement par nous taper sur le système.

Imaginons qu'après avoir pris quelques kilos, je demande au robot d'arrêter de me commander des pizzas le mardi. Ayant par ailleurs connaissance de ma subite variation de poids et comme il s'en « inquiète » de manière statistique (« il est dans la zone d'indice de masse corporelle d'obésité »), mon robot accède à ma demande, avec un langage adapté — c'est-à-dire enjoué. Malheureusement — comme souvent — le mardi suivant, je craque et lui demande de me commander finalement une pizza quatre fromages, ce que bien évidemment il refuse.

Il se produit alors le premier acte de défiance, qui me poussera, petit à petit, à force de libertés bafouées, à reprendre mon indépendance.

---

[93]   I. Asimov, The Tercentenary Incident, The Bicentennial Man, op. cit., 229- 247
[94]   I. Asimov, 1985, Robots and Empire, Grafton Books, London, 1985

De même les robots « proactifs », seraient vites débranchés, car horripilants. S'il venait à demander toutes les cinq minutes à une personne âgée si ses médicaments avaient bien été pris, il ne faudrait pas plus d'une heure, pour que ce robot se prenne par exemple quelques coups de canne.

Ces types de machines ne nous survivraient pas, sauf pour quelques masochistes libertaires.

L'apprentissage par renforcement

L'intelligence artificielle prend réellement son essor avec l'apprentissage par renforcement, l'expérience. L'exemple actuellement le plus parlant en est le jeux « Akinator », géniale base de données qui se nourrit des réponses incessantes de ses joueurs par delà les frontières, capable de reconnaître en quelques questions n'importe quel personnage auquel nous pensons. C'est aussi cela le « le Big Data », cette capacité pour les ordinateurs de collecter et d'envoyer sur d'énormes serveurs des millions d'informations de toutes sortes qui seront analysées par des logiciels de statistiques, pour mieux « nous modéliser » et s'adapter à nos besoins.

C'est le mathématicien Norbert Wiener qui en 1943 va introduire cette notion de « feedback » [95].

Si le robot apprend de mes réactions, il sait alors s'adapter à son environnement — ce qui reste comme pour nous — la clé de la survie (et au passage de l'évolution...). Il acquiert une certaine autonomie par cette capacité à corriger ses propres erreurs.

Par exemple, s'il apprend à ne pas me contrarier quand je décide malgré tout de commander ma pizza ou que le rappel des médicaments de la personne âgée ne doit se faire que deux fois à vingt minutes d'intervalle, il respecte nos libertés et préserve nos relations.

L'apprentissage est le garant d'une cohabitation harmonieuse entre l'homme et le robot.

Un autre moyen d'apprentissage utilise l'imitation. C'est-à-dire qu'on explique au robot comment exécuter telle ou telle tâche qu'il enregistre et sait reproduire. Si nous devions programmer — par ligne de codes — toutes les actions qu'il est à même de réaliser, les développeurs crouleraient de demandes de cas particuliers de mises à jour (par exemple, apprendre à mon robot à mettre en marche tel modèle de machine à laver). Ce mode d'apprentissage est également essentiel dans le développement de « l'identité » du robot. Ainsi le

---

[95]   J. Bigelow, A. Rosenblueth, N. Wiener, « Behaviour, purpose and teleology », Philosophy of Science, vol. 10, 1943, p. 18-24

même modèle aurait appris dans un certain foyer à cuisiner les pâtes et dans un autre à jouer à la belote.

On imagine aisément la vitesse à laquelle la mise en réseau et le partage de ces apprentissages se feraient !

Mais ce partage à grande échelle de données collectées dans la sphère privée posera évidemment de nombreuses questions de sécurisation et d'anonymisation des informations. La lutte contre des virus robotiques, qui se répandraient de la même manière que nos virus informatiques, serait un problème essentiel à gérer par les entreprises de robotique.

Par ailleurs, l'acquisition de nouvelles fonctions sans un sérieux contrôle poserait également la question de la responsabilité. Si mon robot a acquis la compétence d'éplucher les tomates et qu'il me blesse accidentellement, qui est responsable de sa défaillance ? Moi, pour avoir accepté des conditions d'utilisation qui déchargeaient le fabricant ? L'utilisateur qui aura mal enseigné à son robot la technique ? La société de robotique qui autorise le partage de cette nouvelle compétence ?

Il existera ainsi, selon le modèle des « stores » d'applications de type Google ou Apple, gérant une étape de validation préalable des compétences proposées par les développeurs.

Par ailleurs, chaque type de robot aura son système d'exploitation à l'instar d'iOS pour Apple ou Androïd — nom prédestiné — pour Google.

Des mises à jour régulières apporteraient leur lot de nouvelles fonctionnalités de base.

Asimov imaginait un modèle économique fondé sur un système de location, l'évolution rapide des machines comparées à leur coût pouvant être un frein à la consommation.

D'une manière plus générale, le remplacement progressif de certaines tâches jusqu'alors réservées à l'humain et qui pouvaient engager sa responsabilité, bouleverseront le monde des assurances.

Si ma voiture autonome crée un accident, qui est responsable ?

Il est probable que ce ne soient plus aux particuliers de s'assurer directement, mais aux constructeurs, même si l'on peut aisément penser que le coût de cette assurance soit répercuté dans le prix de vente du véhicule.

Mais imaginez alors un monde sans accidents ? Probablement un cauchemar pour les assurances…

La construction d'une super-intelligence

Le projet « Human Brain Project [96] », dont nous avons parlé, qui implique des centaines de chercheurs en neurosciences, biologie, médecine, informatique, mathématiques, électronique et éthique, a pour but de créer un simulateur cérébral complet possédant des capacités d'apprentissage.

Il s'agirait de reproduire l'apprentissage cognitif des premières années de la vie de l'être humain, autrement dit de le faire « grandir », par l'intermédiaire d'un réseau de synapses fonctionnant sur le mode analogique et ayant la capacité de s'activer en fonction des stimuli reçus. Ainsi, un an d'apprentissage pourrait être simulé en moins d'une heure [97].

En octobre 2015, étaient publiés dans la revue Cell [98], les premiers résultats du consortium Blue Brain Project, le centre de simulation d'HBP : une reconstitution informatique d'environ un tiers de millimètre cube du tissu cérébral d'un rongeur, soit près de 30 000 neurones connectés par 40 millions de synapses. Un tour de force, mais qui reste assez loin de la simulation de l'ensemble d'un cerveau de mammifère et encore davantage de celui de l'homme, qui nécessiterait au bas mot 2 millions de fois plus de synapses et de neurones.

Mais dans quel but voudrions-nous recréer une telle intelligence pour les machines ?

À moins que cela ne soit pour nous…

Stanislas Dehaene, professeur au Collège de France et spécialiste des neurosciences cognitives, associé au HBP, résume : « Le Human Brain est le seul projet flagship à avoir une vocation intellectuelle forte, le seul à poser de vraies questions scientifiques et philosophiques./…/Nous allons notamment étudier la question de l'unicité de l'homme : qu'est-ce qui fait que le cerveau humain possède des compétences uniques dans le monde animal, comme le langage et la capacité de déduire les pensées d'autrui [99] ».

---

[96]   www.humanbrainproject.eu/
[97]   C. Jarrett, Great Myths of the Brain, Wiley Blackwell, 2014
[98]   www.cell.com/cell/abstract/S0092-8674%2815%2901191-5
[99]   F. Rosier, « Cerveau virtuel, un pari à un milliard », Le Monde Science&Techno,

Et si tout dérapait ?

Nous arrivons au point qui cristallise toutes les peurs et tous les fantasmes.

Dans une lettre ouverte [100] publiée en juillet 2015, plus d'un millier de personnalités, dont une majorité de chercheurs en intelligence artificielle et en robotique, ont réclamé l'interdiction des armes autonomes, capables « de sélectionner et de combattre des cibles sans intervention humaine ».

Parmi les signataires, on retrouve Elon Musk et l'astrophysicien britannique Stephen Hawking, qui avaient déjà fait part publiquement de leurs inquiétudes concernant l'IA. Mais aussi le cofondateur d'Apple, Steve Wozniak, le linguiste américain Noam Chomsky ou encore Demis Hassabis, le fondateur de DeepMind, une entreprise consacrée à l'intelligence artificielle rachetée par Google.

Leur crainte est la course à l'armement qui se prépare : « L'intelligence artificielle a atteint un point où le déploiement de tels systèmes sera – matériellement, si pas légalement – faisable d'ici quelques années, et non décennies, et les enjeux sont importants : les armes autonomes ont été décrites comme la troisième révolution dans les techniques de guerre, après la poudre à canon et les armes nucléaires. »

Pour eux, « contrairement aux armes nucléaires, (ces armes) ne nécessitent aucun matériel de base coûteux ou difficile à obtenir ». Par conséquent, préviennent-ils, « ce ne sera qu'une question de temps avant qu'elles n'apparaissent sur le marché noir et dans les mains de terroristes, de dictateurs souhaitant contrôler davantage leur population et de seigneurs de guerre souhaitant perpétrer un nettoyage ethnique ».

Notons au passage que de tels systèmes violeraient d'un seul coup les trois lois de la robotique d'Asimov.

Mais le risque d'une intelligence artificielle ne se limite pas aux décisions éventuelles des états sur la course aux armements.

26/01.2013, http://www.telecom-bretagne.eu/lexians/wp-content/uploads/2013/01/Projet-HBP-pour-Le-Monde-26-janvier-2013.pdf
[100] futureoflife.org/AI/open_letter_autonomous_weapons

L'accélération du progrès permettra à l'homme de créer rapidement une machine intelligente capable à son tour de concevoir des machines plus intelligentes encore, et ainsi de suite. L'apparition d'une super-intelligence dominerait alors l'homme qui ne serait donc décidément plus une finalité des Dieux et du cosmos, mais un moyen d'aboutir à une ultra-intelligence se suffisant à elle-même. Pour de nombreux auteurs, dont le chercheur Hugo de Garis, une super-intelligence en arriverait rapidement à la conclusion qu'il faut faire disparaître l'homme de la planète afin de la restaurer ou pour utiliser ses ressources. Frisson garanti.

Il est étonnant que dans ces scénarios, l'ultra-intelligence soit toujours synonyme de froideur, d'une disparition totale de toute compassion et d'un égoïsme sans limite. HAL 9000 dans « 2001, l'Odyssée de l'espace » est l'incarnation de cette terrifiante intelligence qui paradoxalement aurait perdu une certaine faculté de comprendre et d'accepter l'homme dans sa différence. Il est intéressant de rappeler ce que Stanley Kubrick en disait : « Une machine surintelligente comme HAL est effectivement l'enfant de l'homme, un enfant supérieur, et les relations avec ces machines seront très complexes... L'homme sera encore très utile à la machine, puisque c'est lui qui devra en prendre soin ».

Est-il impossible d'obtenir autre chose qu'une intelligence supérieure inamicale ?

Qu'est-ce que l'intelligence ? Est-elle à ce point une fonction linéaire de la déshumanisation ? Plus je me désincarne, plus je me désolidarise du monde qui m'entoure et de toute responsabilité à son égard et plus je deviens intelligent ?

Ceci me semble précisément aller à l'inverse de la définition communément admise qui tiendrait plus dans l'ensemble des facultés mentales permettant à l'homme de s'adapter à son environnement, comme le raisonnement, l'intuition, le langage, la connaissance ou la mémoire.

Si l'on prend alors l'homme comme l'étalon de l'intelligence, ce qui est hautement discutable, « l'intelligence surhumaine » pourrait dans certains domaines, caractériser un grand nombre de jeux de réflexion conduits par des systèmes artificiels, à l'instar de Deeper Blue, l'ordinateur d'IBM, tombeur en 1997 du champion du monde d'échecs Gary Kasparov [101].

Mais aussi développés que soient ses raisonnements, cette machine en n'éprouvant pas d'autres aspects qui forment précisément « l'intelligence » ne pourra jamais concurrencer celle de l'homme.

Nous sommes toujours dans une intelligence limitée, liée à l'apprentissage par renforcement : cette machine a appris beaucoup de choses, accumulé une expérience, sait probablement organiser sa restitution, mais se retrouve comme un cerveau dans un bocal.

Jean-Claude Heudin a récemment proposé les propriétés que la machine devrait posséder pour être dotée d'une conscience [102] :

— Plusieurs niveaux de complexité.

— Qui opère dans un domaine à la frontière entre l'ordre et le chaos.

— Caractérisée par une organisation autonome opérationnellement close.

Et de finir ainsi : « À l'issue de cette tentative de caractérisation, il apparaît cependant que la conscience ne relève ni d'une propriété intrinsèque ou exclusive de la matière organique, ni d'une organisation a priori impossible à recréer sur une machine. Même si la conception d'une machine consciente est encore prématurée compte tenu de nos connaissances et de nos capacités technologiques actuelles, elle n'en reste pas moins possible à terme. »

Comment pourrait-elle créer si à aucun moment elle ne peut éprouver, comme nous, le vivant ? Ou puiserait-elle l'inspiration pour écrire un poème, y décrire le bien-être d'un âtre de cheminée, du réconfort après l'effort, d'un souvenir qui s'éclaircit peu à peu ?

Dans un discours de 1949, le professeur Jefferson Lister, cité par Alan Turing aurait dit ainsi : « Nous ne pourrons affirmer que la machine égale le cerveau avant qu'une machine puisse écrire un sonnet ou composer un concerto, à partir de pensées ou d'émotions ressenties, et pas simplement par la combinatoire hasardeuse des symboles, et pas seulement non plus qu'elle l'écrive, mais qu'elle l'ait écrit. Aucun mécanisme ne pourrait ressentir du plaisir quand il réussit, du chagrin quand il échoue ».

Elle ne pourrait que puiser dans le « Big Data », comparer, copier, assembler et au final recopier. Ce serait bien entendu souvent mieux

[101]   http:// fr.wikipedia.org/wiki/DeepBlue
[102]   Jean-Claude Heudin, Immortalité numérique, Science eBook, 2014

que l'original, mais privée de sens, cette « intelligence » ne le serait même pas assez pour en éprouver un quelconque bonheur.

Je pense très difficile d'imaginer trouver un algorithme qui puisse leur insuffler un souffle mathématique d'empathie, car ce sentiment se puise dans le vécu sensitif.

Dans « Humain », Monique Atlan et Roger-Pol Droit rapportent et analysent la célèbre question du philosophe Thomas Nagel dans un article de 1974 « Quel effet ça fait d'être une chauve-souris » : « La réponse est simple : nous n'en savons rien, nous n'en pouvons rien savoir et nous n'en saurons jamais rien. Si nous pouvons évidemment connaître la physiologie de la chauve-souris, les mécanismes de son repérage dans l'espace par les ultrasons, nous ne pouvons pas éprouver ce que ressent la chauve-souris dans son monde d'ultrasons. Autrement dit : impossible de connaître scientifiquement la conscience, faute de pouvoir y pénétrer ».

Par conséquent, le robot, même doté d'une super-intelligence, se retrouve face à nous comme face à cette chauve-souris, incapable de percer notre humanité, faute de pouvoir la ressentir. Ainsi, bien loin de séparer l'intelligence ou l'esprit du corps, l'éveil d'une conscience nécessite probablement un corps sensitif qui notamment puisse souffrir. Ainsi comme l'énonçait Socrate : « Quelle étrange chose, mes amis, parait être ce qu'on appelle le plaisir et quel singulier rapport il a naturellement avec ce qui passe pour être son contraire, la douleur ! Qu'on poursuive l'un et qu'on l'attrape, on est presque toujours contraint d'attraper l'autre aussi... C'est ce qui m'arrive puisqu'après la douleur que la chaîne me causait à la jambe, je sens venir le plaisir qui la suit. »

Nous en reparlerons, mais cette nécessité du corps, d'une interface émotionnelle pour faire naître et vivre une conscience, est à mon sens contraire à la dématérialisation complète, la Singularité promise par les transhumanistes.

Mais au fond qu'attendons-nous des robots ?

Malheur, paresse, perte d'emplois et désolation. C'est en tout cas ce qu'il ressort d'un sondage réalisé par l'institut TNS en 2014 pour l'Union européenne [103] auprès d'habitants des 28 pays membres (27 801 personnes exactement). Elle a été menée en « face à face », chez eux et dans leur langue maternelle.

Les pays du sud — dont la France — sont plus « robotphobes ».

Ainsi, les Portugais pensent à 93 % qu'ils vont voir leur emploi se faire avaler par la robotique.

En revanche, en Finlande, ils ne sont que 56 % à penser la même chose. On retrouve toujours en tête de liste des optimistes les Pays-Bas, la Finlande, le Danemark et la Suède.

En tirant des grandes lignes, l'étude montre que 70 % des Européens craignent pour leur emploi (en moyenne, tous pays confondus). En revanche, ils sont quasi tous d'accord sur le fait qu'on a besoin de robots pour réaliser les tâches dangereuses pour l'homme.

La France, fidèle à elle-même, se classe parmi les pays qui expriment le plus de peur, avec 52 % de citoyens qui voient d'un mauvais œil leur arrivée.

Il ne faut pas nier une certaine réalité. Nous y reviendrons, mais des métiers disparaitront aussi sûrement que la moissonneuse-batteuse a transformé le monde agricole et que l'imprimerie a renvoyé un certain nombre de moines copistes à leurs prières.

Le « robot-journalisme » se répand de plus en plus au sein des grandes rédactions. Le LA Times est considéré comme l'un des pionniers en la matière. Parallèlement à son robot spécialiste des séismes [104], la rédaction possède un système similaire pour les alertes concernant les homicides ou encore pour les arrestations d'individus activement recherchés.

D'autres médias se sont lancés dans le journalisme automatisé, principalement dans des secteurs comme les finances, le sport ou l'immobilier, bref des secteurs où les infos sont souvent constituées de données basiques. Il suffit d'une série de faits et de règles

---

[103] ec.europa.eu/public_opinion/archives/ebs/ebs_427_en.pdf
[104] www.bbc.com/news/technology-26614051

concernant la structure des phrases, pour « autorédiger » certains articles.

Mais rien n'en fera — et pour longtemps — l'analyse critique à notre place.

Ainsi d'autres métiers vont naître, fondés sur l'intelligence forte, la créativité et tout ce qui ne dépend pas du répétitif ou du dangereux. Une étude récente montre d'ailleurs que le tissu industriel français vieillissant pourrait tirer avantageusement parti de la robotisation pour à nouveau se dynamiser [105].

Une autre explication de la peur des robots humanoïdes vient probablement de la peur instinctive de l'étranger, de « cet autre » qui n'est pas nous, mais nous ressemble. L'instinct de l'homme des cavernes, inquiet pour sa tribu, ressurgit.

Une troisième raison — qui peut également expliquer une répartition latine de la peur du robot est probablement d'ordre religieux. En effet, depuis la Genèse, il est considéré que la création de la vie ne peut être que de nature divine, depuis le souffle de Dieu qui donna vie à la statue en argile d'Adam. Le second commandement du décalogue interdit d'ailleurs explicitement la création d'artefacts imitant la vie [106] : « Tu ne feras aucune image sculptée, rien qui ne ressemble à ce qui est dans les cieux là-haut, ou sur terre ici-bas, ou dans les eaux au-dessous de la terre. »

Ceux qui fabriquent ou utilisent le robot humanoïde peuvent en cela être considérés comme blasphémateurs.

Cette dernière explication a probablement contribué à en forger une dernière, d'ordre culturel : la créature maudite.

Hoffmann, Balzac, Poe, Shelley et même Baudelaire, du Golem à Frankenstein ont contribué à forger ce mythe de l'homme aveuglé par une passion créatrice, défiant Dieu en revendiquant une toute-puissance, et bientôt en prise avec sa maudite création.

Comme le rappelle Jean-Claude Heudin : [107] « Dans la plupart des romans et nouvelles, on retrouve donc cette trame faustienne qui deviendra le lieu commun des histoires de créatures artificielles : (1) un artiste ou un savant crée un androïde à partir d'un matériau inerte

---

[105] Pour sortir de la crise utilisons les robots, Humanoïdes, www.humanoides.fr, 2012
[106] Exode XX 4, 1955, La Sainte Bible, traduction sous la direction de l'École Biblique de Jérusalem, Desclée De Brouwer
[107] « J.-C. Heudin, Les créatures artificielles, Odile Jacob, 2008

; (2) l'homme ne pouvant donner la vie sans intervention divine, il y a nécessairement l'entrée en scène d'un principe supérieur ou surnaturel ; (3), mais en enfreignant volontairement les interdits, le créateur coupable s'attire les foudres divines et doit répondre de ses actes ; (4) la créature échappe alors à son contrôle et se retourne contre lui et ses proches, avant de disparaître elle-même ».

De nos jours, le cinéma contribue à entretenir le mythe, de Terminator à Matrix, de Robocop à Wall-E. Il n'y a guère qu'Avatar de James Cameron qui ose ouvrir des perspectives enchantées, en cassant les codes. C'est bien une machine organique qui donne à nouveau vie à un humain brisé, dans une vision poétique qui transcende l'humain par delà les barrières de la vie.

Il faudra encore beaucoup d'œuvres de ce genre, pour casser les préjugés et faire rêver. En attendant le robot-tueur et la défiance des hommes ont encore de beaux jours.

Pourtant, il faut rendre hommage à la machine. Elle nous apporte bien plus qu'une aide, en nous permettant une compréhension de nous même.

Car en cherchant ainsi à nous copier, nous avons fait d'incroyables progrès dans tous les domaines que nous avons précédemment abordés.

Par ailleurs, je ne pense pas qu'un robot doté d'une intelligence forte, dans le sens que nous avons défini précédemment, se substituera à nous. J'ose imaginer plutôt l'inverse.

Quand grâce à lui nous aurons tout compris de la mécanique, de la bio-ingénierie et de l'intelligence artificielle, et que nous n'aurons plus le choix, nous nous substituerons à lui, l'investirons, emprunterons ses propriétés, pour cantonner le robot autonome aux tâches que nous ne voudrons pas réaliser.

Le robot sera une bibliothèque, éventuellement sur pattes, capable d'analyser des algorithmes qui dépasseront de loin nos propres capacités.

Il pourra être doué d'actions et d'une certaine autonomie, pour répondre à nos attentes, nous seconder et nous remplacer pour toutes les tâches qui ne nécessitent pas de créativité. Il lui sera possible de prendre des initiatives, à condition qu'elles restent en accord avec les trois lois de la robotique. Un robot humanoïde pourra par exemple facilement répondre aux premières phases de réaction d'un accident : sécuriser un site pour éviter qu'une situation s'aggrave, prévenir les secours grâce à une géolocalisation intégrée, analyser les constantes vitales d'un individu, etc.

Les seuls dangers qu'il ne faut pas négliger viendront du non-respect des lois de la robotique, dues à leur « hacking » par des idiots ou à leur détournement à des fins militaires par d'autres idiots mieux placés et qui nous gouvernent.

Il y a bien évidemment déjà les drones. Mais tout laisse à croire que « les progrès » ne s'arrêteront pas là.

Récemment, en mai 2015, la Russie a présenté une unité de robots de combat appelée Platform-M, qui sous des allures de petit blindé téléguidé est capable au cœur d'un champ de bataille de remplacer une petite armée, chaque robot pouvant être doté de fusils d'assauts de type Kalachnikov, de quatre lance-grenades ou de missiles antichar en fonction de la nature de la mission [108]. L'argument le plus souvent mis en avant par ceux qui soutiennent l'arrivée des robots sur le champ de bataille est leur capacité théorique à différencier non seulement les humains des robots, mais aussi les soldats de son camp des ennemis ou les combattants des civils. La proportion de « tirs amis » et les pertes non justifiées seraient alors limitées.

Mais « la régulation » de tels systèmes ne dépendrait que de la programmation et donc de la volonté de ceux qui auraient décidé leur déploiement.

Ce point mobilise déjà fortement les consciences et nécessite un moratoire, qu'il ne faudra pas trop tarder à mettre en place.

Google semble en avoir pris conscience en mettant un peu de distance au sein de sa nébuleuse industrielle, entre sa filiale de robotique, Boston Dynamics et la DARPA.

Sous réserve de cette mauvaise récupération, qui comme toujours, nécessitera une mobilisation des opinions publiques, « l'intelligence forte » restera notre domaine.

Là encore, il est facile d'en faire le pari, car imaginer l'inverse, c'est envisager notre disparition.

Ainsi, sans le savoir et avant même son avènement, le robot humanoïde intelligent est une espèce menacée par le plus grand prédateur que cette terre n'ait jamais connue : nous-mêmes.

---

[108]   www.diploweb.com/Platform-M-le-robot-combattant.html

Chapitre 6

Vers la vie artificielle

Ainsi comme nous l'avons abordé au chapitre précédent, vouloir dissocier l'esprit ou l'intelligence du corps est une voie qui semble sans issue si l'on souhaite créer une « intelligence humaine », qui se nourrit précisément des interactions et du vécu émotionnel physiquement éprouvé.

Vouloir comprendre où se cache la conscience, la simuler, voire la recréer, semble difficile sans passer par une interface qui possède déjà les capacités du vivant.

La construction d'un « corps vivant » devrait donc précéder celle d'un « être pensant ».

Naissance de la vie artificielle

C'est à la fin des années quatre-vingt que cette approche bio-inspirée s'est développée, grâce aux travaux antérieurs de mathématiciens, comme John von Neumann avec les automates cellulaires et de biologistes comme Richard Dawkins.

Mais ce fut réellement en 1987, à Los Alamos, lors de la conférence « Artificial Life », que les bases du domaine de recherche sur la vie artificielle furent posées en préface par Christopher Langton : « La vie artificielle est l'étude des systèmes conçus par l'homme qui exhibent des comportements caractéristiques des systèmes naturels vivants. Elle vient en complément des sciences biologiques traditionnelles, qui analysent des organismes vivants, en tentant de synthétiser des comportements semblables au vivant au sein d'ordinateurs et d'autres substrats artificiels. En étendant les fondements empiriques sur lesquels la biologie est basée au-delà de la vie à base carbone qui a évolué sur terre, la vie artificielle peut contribuer à la biologie théorique en positionnant la vie telle-que-nous-la-connaissons dans un espace plus large de la vie telle-qu'elle-pourrait-être [109] ».

En d'autres termes, Christopher Langton proposait d'aborder le vivant en s'intéressant avant tout aux conditions favorables à l'émergence de la vie et à leurs mécanismes que seule leur compréhension pourrait permettre de recréer.

Plus longue et fastidieuse qu'un modèle informatique « clé en main », cette approche paraissait plus crédible que celle consistant à croire qu'il suffisait de reproduire certains raisonnements humains sous la forme de systèmes formels, pour qu'un programme puisse un jour accéder à l'intelligence, voire la conscience.

Si la conscience est la faculté qui permet à une entité de percevoir sa propre existence et de se représenter elle-même dans son environnement, une « conscience humaine », ne peut donc s'affranchir du vivant qui l'accompagne.

S'opposent alors deux visions différentes de la création.

---

[109]   C. G. Langton, Artificial Life, Artificial Life, op. cit., 1-47, 1989

D'un côté les partisans de la thèse vitaliste qui considèrent que l'intelligence consciente est une caractéristique propre de la vie organique, et qu'il est impossible de reproduire ces propriétés sur d'autres supports, quelque soit son organisation et en particulier sur un ordinateur.

De l'autre ceux qui font l'hypothèse qu'il n'est pas forcément question de biologie dans le processus de création du vivant, et que la frontière entre inerte et vivant n'est peut être pas aussi nette qu'il n'y paraît...

Comment tout a pu commencer

En premier lieu, rappelons que la vie, telle que nous la connaissons, n'a pu survenir que parce que les quatre forces fondamentales qui régissent l'univers ont été respectées, à savoir la force gravitationnelle, la force électromagnétique, et les interactions nucléaires fortes et faibles.

De celles-ci ont découlé certaines équations et une vingtaine de constantes physiques (comme la vitesse de la lumière, la masse de l'électron, la constante de gravitation G, etc.), dont la moindre variation aurait rendu l'apparition de la vie impossible.

Par exemple en modifiant la valeur de la constante gravitationnelle G à la hausse, seules des étoiles massives à faible durée de vie se seraient développées, interdisant par là même l'apparition de la vie, qui avait au contraire besoin de temps.

À l'inverse, une gravité plus faible empêcherait l'explosion de Supernovae et la propagation des éléments chimiques nécessaires à la vie.

On peut raisonner de la même façon pour les autres interactions. Si la force nucléaire forte était plus grande de 2 %, l'hydrogène disparaîtrait en quelques minutes, il n'y aurait pas d'éléments plus légers que le fer. Si elle était plus petite, aucun élément plus lourd que l'hydrogène et l'hélium n'existerait. Dans les deux cas, aucune molécule ne pourrait se former.

Si la force électromagnétique était un peu plus grande, les électrons repousseraient les autres atomes. Si elle était à peine plus petite, ils ne seraient pas maintenus dans leur atome. Encore une fois, dans les deux cas, il n'y aurait pas de molécule.

Cette relation particulière entre les lois fondamentales de l'univers et l'apparition de la vie a conduit certains à penser que le but de l'univers ne pouvait être que l'apparition de la vie. C'est ce qu'on appelle « le principe anthropique ».

Celui-ci fut énoncé en 1973 par un jeune physicien de Cambridge, nommé Brandon Carter. Il voyait en fait deux principes : le premier que l'on peut qualifier de tautologie dit que « Les conditions que nous observons autour de nous sont nécessaires à notre existence ». Le second, considéré comme le principe fort dit que « Les paramètres fondamentaux caractéristiques de l'Univers doivent être tels qu'ils ont permis l'émergence d'observateurs à une certaine étape de son évolution ». Cette formulation a été mal comprise, à cause du terme « doivent » (« must » en anglais) et a été interprétée comme « l'Univers a été conçu dans le but de générer des observateurs », ce qui n'était pas du tout l'idée de Carter. C'est cependant cette idée qui a été utilisée pour asseoir ce que l'on a appelé « le Grand Dessein » ou « le Dessein Intelligent », prônant qu'une intelligence supérieure (un Grand Architecte) a créé l'Univers dans le but d'y accueillir les hommes. Cette idée n'est finalement pas la plus répandue parmi les spécialistes de la cosmologie.

Il ne faut certainement pas la réfuter par principe, et encore moins, comme l'aurait dit Pascal, à l'aube de sa mort, mais il faut admettre que de penser que notre univers est unique pourrait correspondre à un nouveau pêcher d'orgueil. Nous y sommes habitués. Rappelez-vous de l'homme au sommet de la création perché sur une terre au centre d'une galaxie elle-même au centre de l'univers…

Ainsi la thèse qui actuellement prévaut pour expliquer cette fabuleuse conjonction de hasards est précisément… : le hasard ! Cette interprétation est celle du « multivers ». Elle est très à la mode parmi les cosmologistes travaillant sur la théorie des « supercordes », théorie qui cherche à unifier la gravité avec les autres interactions. En effet, toute tentative pour comprendre l'origine de l'Univers bute dans le passé sur le moment où il avait une densité si énorme que la gravité elle-même était un phénomène quantique. La théorie des supercordes prédit qu'il devrait exister non pas un seul univers, mais un très grand nombre, chacun correspondant à un Big Bang différent, avec ses propres constantes. La plupart de ces univers n'auraient pas les bonnes constantes, mais un certain nombre serait « viable ». Le nôtre en ferait partie, comme après un jet de dés ou le double-six ne représente qu'une possibilité sur 36.

Par ailleurs et plus simplement, on peut aussi partir du principe que c'est la vie — telle qu'elle existe — qui s'est adaptée aux règles du jeu de l'univers et non l'inverse. Comme le souligne l'astrophysicien André Brahic [110] : « L'univers n'a pas réuni sur Terre toutes les

---

[110]   André Brahic, Bradford Smith, Terres d'ailleurs, Odile Jacob, 2015

bonnes conditions pour que la vie apparaisse, mais à l'inverse la vie s'est adaptée aux conditions qui existent sur notre planète. D'autres conditions auraient déclenché d'autres phénomènes et peut-être donné naissance à des formes de vie légèrement différentes ».

À ce sujet et récemment, d'incroyables découvertes ont été faites sur la capacité du vivant à s'adapter à des conditions extrêmes. Deinococcus Radiodurans est l'une des formes de vie les plus résistantes aux radiations, capable de supporter plus de 5000 Gy (gray), presque sans accroc, ce qui représente 1000 fois la dose qu'un humain peut supporter. En 2007, un microbe pouvant se reproduire à 121 °C et survivre jusqu'à 130 °C a été découvert. On a baptisé comme « extrêmophiles » ces organismes limites du vivant, qui se développent de manière optimale dans des environnements où les conditions physico-chimiques sont insoutenables pour le reste des êtres vivants. Comment font-ils pour survivre ? Des études de biologie moléculaire montrent que ces microbes sont prodigieusement bien adaptés aux conditions extrêmes et que leurs molécules ne sauraient fonctionner dans des milieux plus doux. Ces nouvelles limites de la vie sur Terre permettent d'aborder la question de la vie extraterrestre de façon rigoureuse. Certains microorganismes de notre planète seraient parfaitement capables de vivre dans les conditions environnementales qui existent dans quelques régions d'autres planètes et satellites, ou d'y avoir existé dans le passé. L'étude des microorganismes des environnements extrêmes a ainsi ouvert de nouvelles perspectives pour aborder la question des origines de la vie et pour l'exploration de la vie dans l'univers.

Les conditions d'apparition de la vie sur terre

Entendons-nous bien, je veux parler ici du vivant tel que nous le connaissons et qui ne correspond pas nécessairement à toutes les sortes de vivant.

Pour commencer, il a fallu de l'eau liquide permettant entre autres les mélanges et de grosses quantités de carbone dont les facilités d'assemblage sont favorables à la vie. Il a fallu également une source d'énergie, de chaleur, provenant soit de notre étoile dont la distance était ajustée pour une parfaite température, soit de notre noyau terrestre. Ce dernier a d'ailleurs joué un rôle fondamental en attirant les éléments les plus denses en son centre et permettant ainsi l'existence d'une croûte fine, laissant passer la chaleur par les mouvements de tectonique. C'est cette tectonique qui a entre autres permis la régulation de l'atmosphère. Il est d'ailleurs intéressant de noter que l'atmosphère primitive de la Terre qui a permis à la vie de se développer ne lui permettrait pas de subsister aujourd'hui. En l'absence d'oxygène dans l'atmosphère primitive, de nombreuses réactions chimiques peuvent avoir lieu et conduire à la formation d'acides aminés, de protéines et d'autres composés chimiques qui constituent la matière première dont l'assemblage a permis à la vie d'apparaître. En fait, la composition de l'atmosphère terrestre devait à ce moment être proche de celle de Vénus ou Mars, avec de grandes quantités de dioxyde de carbone.

La découverte en 1977, au fond des océans de sources hydrothermales chaudes qui alimentent une vie prolifique à l'abri de la lumière et des rayons cosmiques, fait penser que la vie n'est sortie de l'eau que quand les conditions atmosphériques sont devenues favorables.

Par ailleurs, la Terre est dotée d'une magnétosphère, c'est à dire d'un champ magnétique depuis au moins 3,2 milliards d'années. Il forme un bouclier qui a permis de détourner les rayons cosmiques qui auraient empêché la vie que nous connaissons d'apparaitre.

La Lune a également joué un rôle important de stabilisateur de l'axe de rotation de la Terre, qui lui a permis tel un poulet à la broche de chauffer doucement et régulièrement, permettant ainsi des faibles écarts de température.

Dans un autre registre, sans nombre de catastrophes naturelles, nous ne serions pas là !

Éruptions volcaniques (l'une d'elles a cependant, bien plus tard, failli nous faire disparaitre), bombardements cosmiques, impacts de météorites ou d'astéroïdes, explosions d'une supernova proche ou importants changements climatiques sont autant de phénomènes qui ont permis en quelque sorte d'épicer et de touiller la grande marmite de la vie.

A l'origine du vivant

Pendant des milliards d'années, la vie n'a existé que sous forme de microbes et de cellules uniques, d'abord procaryotiques, dont les premières traces visibles fossilisées remontent à 3,5 milliards d'années.

Les cellules eucaryotiques, c'est-à-dire des cellules dotées d'un noyau, sont apparues il y a 2,7 milliards d'années.

On peut classer à présent le monde du vivant en trois grandes lignées : les bactéries qui sont au passage dix fois plus nombreuses dans notre organisme que les cellules humaines ; les archées, qui sont des micro-organismes constitués d'une cellule unique qui ne comprend ni noyau ni organites à l'instar des bactéries ; et enfin les eucaryotes, organismes unicellulaires ou pluricellulaires qui se caractérisent par la présence d'un noyau et de mitochondries.

Au final, même s'il existe une différence de taille entre une bactérie de 2 microns et l'amphicoelias, dinosaure de 95 tonnes pour 50 mètres de long, les mécanismes biochimiques qui sous-tendent le vivant sont similaires dans bien des aspects : les organismes monoculaires possèdent des systèmes sensoriels équivalent à nos neurones, les microbes et les amibes ont des membranes qui peuvent être excitées par des réactions électrochimiques et comme nos cellules eucaryotiques utilisent des échanges d'ions, des canaux à sodium et à potassium pour communiquer.

Ainsi, comme le résume encore André Brahic : « Il est frappant de constater que tous les organismes vivants sur Terre ont le même code génétique, transmettent de la même manière les messages des gènes vers les protéines et utilisent la lumière ou la chimie pour récupérer de l'énergie à l'aide d'un petit nombre de mécanismes. Tout cela fait penser à un ancêtre commun [111] ».

Si l'on veut imaginer créer la vie telle que nous la connaissons, il va falloir remonter le temps, se baigner dans la soupe primitive pour y regarder de plus près et tenter de comprendre ce qui a bien pu s'y passer.

---

[111] André Brahic, Bradford Smith, Terres d'ailleurs, Odile Jacob, 2015

La cuisine de la vie

Il faut admettre que même si d'étonnants progrès ont été réalisés au cours du siècle dernier pour expliquer le vivant, nous ne savons toujours pas comment ce dernier est apparu. Les trois principales lignes de la vie étaient déjà là il y a 2,5 milliards d'années, mais avant, c'est un mystère. S'affrontent ainsi deux scénarios :

— D'un côté la panspermie, qui voudrait que la vie vienne d'ailleurs, que « la Terre ait été fécondée ». Ceci permet d'arrêter de réfléchir pour la Terre, mais, entre nous, ne fait que délocaliser le problème de l'émergence de la vie.

— De l'autre côté, ceux qui pensent que la vie a spontanément émergé de l'inerte. Voici le grand retour de la « génération spontanée », que Pasteur avait eu bien du mal à faire oublier [112], et qui voulait par exemple que les asticots puissent surgir d'un morceau de viande et que les bambous aient généré des pucerons.

Pour répondre à cette question, tant que la vie n'a pas été retrouvée ailleurs dans l'univers, la première hypothèse est non vérifiable.

La seconde option nécessite d'entreprendre de recréer la vie dans un tube à essai, avec la chimie que l'on connait, c'est-à-dire celle du carbone.

C'est ce que tenta de faire en 1953, Stanley Miller dans le cadre de sa thèse de doctorat. Ce dernier deviendra par la suite professeur d'une spécialité que par cette expérience il avait contribué à faire naître : l'exobiologie.

L'hypothèse de départ était simple : si les organismes vivants, comme tous les objets de l'univers obéissent aux lois de la physique et de la chimie, il devrait être possible de les fabriquer.

Il a ainsi tenté de recréer une soupe primitive dans un ballon chauffé et rempli d'eau, de méthane, d'hydrogène et d'ammoniac. Pour simuler les éclairs, il a déclenché des étincelles entre deux électrodes et pour imiter la pluie, utilisé un réfrigérant qui provoquait la condensation des molécules d'eau.

---

[112]   www.musee-pasteur.com/index.php?id=334

En faisant varier différents paramètres, Miller réussit ainsi à faire apparaître en quelques jours des acides aminés, les briques du vivant.

Cependant, les briques ne font ni le maçon, ni la maison.

Dans un cas comme dans l'autre, il faut du temps, facteur dont notre planète a largement disposé.

Même si pour l'heure aucune cellule n'a pu être recréée en laboratoire, les chimistes savent actuellement fabriquer les vingt acides aminés qui composent les protéines, les bases qui entrent dans la composition des acides nucléiques (ADN et ARN) et des membranes cellulaires, lipidiques, qui protègent et définissent les murs de la maison « vie ».

Par ailleurs, les progrès qui ont été faits ces cinquante dernières années dans la compréhension du fonctionnement des cellules, de leurs moyens de communiquer, d'interagir et de se reproduire sont gigantesques.

Cette accélération est due principalement à la compréhension préalable de trois facteurs de progrès : la découverte des lois de l'hérédité par Johann Gregor Mendel puis du rôle de l'évolution et de la sélection naturelle par Jean-Baptiste Lamarck et Charles Darwin et enfin la découverte de la double hélice de l'acide désoxyribonucléique par Oswald Avery, Francis Crick, James Watson et Rosalind Franklin.

On a ensuite compris que les organismes vivants partagent des caractéristiques communes :

— Ils utilisent tous la chimie du carbone et les mêmes outils biochimiques pour traduire le code génétique des gènes en protéines : eau liquide, minéraux, sucres, bases azotées, acides gras et d'autres substances organiques particulières.

— Les protéines sont composées à partir des mêmes 20 acides aminés. Leur assemblage permet aussi la création d'enzymes, catalyseurs se différenciant les uns des autres par les réactions chimiques qu'ils déterminent.

— Ils tirent tous l'énergie nécessaire à leur fonctionnement, le métabolisme, de l'adénosine triphosphate (ATP).

— La capacité de se reproduire par division. C'est d'ailleurs pourquoi les virus ne sont pas considérés comme des organismes vivants.

Existe-t-il une frontière entre l'inerte et le vivant ?

Dans la compréhension du rapport entre inerte et vivant, on peut admettre que le monde occidental a pris beaucoup de retard. À nous voir au centre de tout, nous en avons probablement surestimé l'importance du vivant qui nous ressemblait dans « l'ordre des choses ».

Mais toutes les civilisations ne partagent pas cette vision. Ainsi, il n'existe pas, malgré les apparences, « un monde donné » qui serait le même pour tous, mais « des mondes », dont chaque être et chaque collectivité, ont une vision et un usage particuliers liés à leur histoire.

Il y a quarante ans, l'anthropologue Philippe Descola, aujourd'hui professeur au Collège de France, a laissé derrière lui Paris, la France et l'Europe pour une immersion de trois ans chez les Indiens Achuar, en Amazonie.

Il décrit merveilleusement [113] l'animisme de ce peuple, c'est-à-dire la propension à détecter chez les non-humains animés ou non, comme les oiseaux ou les arbres – une présence, une « âme », qui permet dans certaines circonstances de communiquer avec eux.

Pour les Achuar, les plantes, les animaux partagent avec nous une « intériorité ». Il est donc possible de communiquer avec eux dans nos rêves ou par des incantations magiques qu'ils chantent mentalement toute la journée.

À ceci s'ajoute que chaque catégorie d'être, dans l'animisme, compose son monde en fonction de ses dispositions corporelles : un poisson n'aura pas le même genre de vie qu'un oiseau, un insecte ou un humain.

C'est l'association de ces deux caractéristiques, « intériorité » et « dispositions naturelles », qui fondent l'animisme.

Cette pensée se retrouve également dans d'autres croyances, comme le shintoïsme. Dans cette religion, la terre, le ciel, les animaux, les végétaux, les minéraux, mais aussi les ancêtres, représentent « les

---

[113] P. Dessola, Par-delà nature et culture, Gallimard, 2005

181

kamis ». À travers eux, c'est la puissance et les caprices de la nature que les croyants tentent d'apprivoiser.

Le vivant et le non-vivant sont faits de la même matière, atomes et molécules issues des étoiles, des galaxies, des nébuleuses et des planètes.

Un être vivant, par rapport aux objets inanimés, est un système chimique qui forme lui-même sa propre substance à partir de celle qu'il puise dans son milieu, pour s'autorépliquer.

C'est là que réside le mystère.

L'observation de la vie sur Terre nous montre la faculté qu'a la matière, à progressivement gravir les échelons de la complexité. Mais où se situe le point de rupture entre le vivant et le non-vivant ?

En d'autres termes, quel est l'assemblage de molécules qui permet le démarrage de la vie ?

La réponse à cette question se trouvera probablement sur une autre planète où seront encore observables des formes primitives de la vie. Il faudrait mettre en évidence des molécules possédant une complexité d'assemblage particulière, autour de squelettes carbonés, mais aussi un début d'ADN ou un mécanisme de stockage de l'information équivalent, et une protomembrane, qui seule peut créer un milieu permettant un échange.

On peut donc résumer la vie que nous connaissons à quelques propriétés nécessaires :

— Il faut considérer d'abord que la vie a un corps. C'est nécessaire pour se distinguer de l'environnement, se protéger et échanger. C'est le rôle de la membrane cellulaire ou de notre enveloppe.

— Il faut également que la vie ait un métabolisme. C'est un processus par lequel elle peut convertir les ressources de l'environnement en blocs de construction pour se maintenir et se construire.

— La vie doit aussi avoir une information à transmettre, un héritage. Nous, en tant qu'êtres humains, stockons nos informations sous forme d'ADN dans nos génomes et nous transmettons ces informations à notre progéniture.

Stéphane Leduc, professeur de physique à la faculté de Nantes qui travailla sur la biologie synthétique et plus particulièrement sur la diffusion et les croissances osmotiques, déclarait au début du siècle dernier : « La vie se présente comme une forme particulière de mouvement de la matière, un ensemble harmonique de mouvements de liquides comme une manifestation des mêmes énergies moléculaires qui animent la matière non vivante. Toute la matière a la vie en soi, à l'état actuel ou l'état potentiel ».

Trente ans après que Pasteur eut tordu le coup de la génération spontanée, Leduc conteste en quelque sorte qu'il faille abandonner toute idée d'organisation spontanée du vivant vers un degré de complexité correspondant à la vie. Dans son ouvrage sur les bases physiques de la vie et la biogenèse, il reprend une conférence donnée le 7 décembre 1906, sous le patronage de La Presse médicale. [114]Il nie le fait que les expériences de Pasteur aient tranché le problème des générations spontanées et affirme que leurs résultats ont occulté l'idée que des générations spontanées ont dû exister pour qu'il y ait un début à la vie sur la Terre. « La question des générations spontanées existe, il n'est du pouvoir de personne de la supprimer. Il est stupéfiant que les expériences de Pasteur aient pu l'éteindre si complètement pendant trente ans ». La continuité est pour lui un fait : « Il n'y a pas de barrière, il n'y a qu'une chimie, la substance des êtres vivants est la même que celle des corps non vivants ». Il considère que la théorie de l'évolution est la preuve d'un passage graduel entre les espèces et entre les animaux et les végétaux. Ceci lui vaudra de voir toutes ses notes exclues de l'Académie des Sciences sur décision de son bureau quelques mois après.

Quoi qu'il en soit, la connaissance des mécanismes de création de la vie nous conduira probablement à admettre que le vivant ne correspond qu'à un degré de complexité supplémentaire d'organisation de la matière du cosmos, dont je rappelle que chaque atome a été façonné dans le cœur des étoiles.

Allons bon. Dans la première partie, j'avais déjà largement abordé ce que Freud a appelé la triple humiliation : nous ne sommes plus au centre de l'univers, ni au centre de la vie, ni au centre de nous-mêmes avec la découverte de l'inconscient. L'homme va-t-il devoir s'infliger une blessure narcissique supplémentaire ?

Je préfère voir cela comme un nouvel enchantement. Nous voici reliés d'une manière extrêmement forte au monde qui nous entoure. Nous sommes tous, inerte et vivant, des poussières d'étoiles qui

---

[114]   S. Leduc, Conférence faite sous la patronage de la Presse médicale le 7 décembre 1906, Les bases physiques de la vie et la biogenèse, Paris, Masson, pp. 1-14

façonnons chacun à notre manière et selon notre temps, l'univers qui nous entoure. Comme un jeu de Lego nous écrivons sans cesse de nouvelles histoires, que nous avons le privilège de pouvoir transmettre et raconter.

Pour moi, la cause est entendue. Rien n'est désacralisé et même Dieu, qui dès la Genèse nous encourageait à façonner le monde qui nous entoure, peut trouver sa place dans le vide qui nous unit, tout autour de ses poussières d'étoiles.

Les caractéristiques premières de la vie artificielle

On peut tenter de définir les conditions qui doivent être réunies pour parler de « vie artificielle ». J.Doyne Farmer et Aleta d'A.Belin de l'Université de Santa Fé ont ainsi opté pour une liste minimale de propriétés nécessaires :

1/ L'être humain a contribué au processus d'apparition de tout système de vie artificielle. Évidemment, nous ne pouvons pas parler d'un produit artificiel si nous le trouvons dans la nature.

2/ Un système de vie artificielle est autonome. Il n'existe pour l'heure aucun robot ayant une complète autonomie par rapport à son environnement (énergétique, fonctionnelle) ;

3/ De plus, un système de vie artificielle est en interaction avec son environnement. Il en a une perception et parfois même une représentation. Cette perception aura une influence sur les actions de ce système ;

4/ Il y a une émergence de comportements dans un système de vie artificielle [115]. Cela correspond à un comportement résultant d'une coordination spécifique et non prévue à l'intérieur du système (cette coordination n'est pas programmée) d'un ensemble de fonctions basiques.

D'autres propriétés ne sont pas indispensables, mais restent néanmoins très présentes.

Ainsi un système de vie artificielle peut se reproduire lui-même. Cette propriété très intéressante ne peut pas actuellement être réalisée dans des domaines fortement présents de la vie artificielle comme la robotique. Néanmoins elle a contribué à l'un des succès de la vie artificielle (avec les automates cellulaires par exemple).

Par ailleurs, un système de vie artificielle possède une capacité d'adaptation. Nous retrouvons cette capacité d'adapter (c'est à dire la possibilité d'utiliser un comportement prévu pour une perception A pour un comportement A' proche du comportement A) en robotique et pour les mondes virtuels.

---

[115] Van de Vijver, « émergence et explication », numéro spécial Emergence and explanation, Intelletica vol2 n°25, 1997

En revanche, les automates cellulaires ne possèdent pas cette propriété.

Enfin, un système de vie artificielle n'est pas une unité. À l'opposé de la vie, un système de vie artificielle peut être réparti en plusieurs endroits.

Par exemple, un robot et un ordinateur peuvent effectuer les calculs reliés par ondes. Même à l'intérieur d'un ordinateur, rien ne garantit que les octets de ce système sont tous regroupés.

Recréer le vivant

En mai 2010, la revue américaine Science a annoncé la « création », par l'équipe du généticien Craig Venter, de l'institut du même nom aux USA, de la première cellule contrôlée par un génome synthétique. Bien que seul le génome de cette cellule ait été synthétisé in vitro, le reste provenant d'une bactérie, Mycoplasma capricolum, il s'agit d'une réalisation scientifique et technologique majeure dans l'histoire des technologies du vivant unanimement saluée [116]. Ces travaux sont dans la continuité de ceux ayant introduit le concept des « Biobriks » à la fin des années 1990 par Tom Knight au Massachusetts Institute of Technology (MIT). C'est en 2004 que le congrès Synthetic Biology 1.0 organisé au MIT a marqué la naissance officielle de la biologie synthétique contemporaine.

Fabriquer des microbes, puis des systèmes vivants plus complexes, sur mesure, comme des algues, des levures ou des bactéries, sont des domaines de recherche de nombreux laboratoires dans le monde et notamment en France, au Génopole d'Évry [117].

On imagine utiliser ces systèmes vivants, pour absorber le CO_2, produire des vaccins, des biocarburants, des médicaments ou des biomatériaux [118].

Par ailleurs, l'ADN pourrait être utilisé pour stocker des données. Le généticien Georges M. Church a ainsi réussi à archiver 170 milliards de copies de son livre de 300 pages dans un brin d'ADN, en utilisant la seule combinaison des quatre bases nucléotidiques (A, T,G, C) [119].

---

[116]   Daniel G. Gibson, Craig Venter, et all, Creation of a Bacterial Cell Controlled by a Chemically Synthesized Genome, Science, mai 2010
[117]   www.genopole.fr/0127-biologie-de-synthese.html#.VijU5tZlqmo
[118]   OCDE, La bioéconomie à l'horizon 2030, éditionsOCDE, 2009
[119]   George M. Church, Regenesis: How Synthetic Biology Will Reinvent Nature and Ourselves, Basic Books, 2014

Et si l'on allait encore plus loin ?

À l'heure où j'écris ces lignes, quand je tape « intérêt » et « vie artificielle » dans Google, il n'y a aucun résultat associant ces deux termes.

Ceci est étonnant au regard de la multitude de travaux réalisés sur la question de la vie artificielle. Pourquoi ce vide de la pensée ?

Pour ma part, il me semble qu'il s'agit du problème du serpent qui se mord la queue.

L'intérêt de la vie artificielle ne peut clairement apparaître que quand l'intérêt de la mort disparaitra.

Autrement dit, l'homme manipulera le vivant comme l'inerte à partir du moment où il ne sera plus question d'un jeu avec la mort.

Il est insupportable de jouer avec la vie quand on sait celle-ci fragile et mortelle. C'est évident.

Reconstruire la vie organique n'est pas une finalité, mais un moyen de savoir d'où l'on vient et d'apprendre à façonner une nouvelle forme de vie, issue de notre expérience et mieux adaptée à notre environnement.

Ceux qui ne veulent toucher à rien, qui érigent des barrières sacrées tout autour de leur ignorance, argumentent entre autres que c'est la peur de la mort qui conduit l'homme à chercher des alternatives, à tenter de repousser l'inéluctable.

Ils ont en cela parfaitement raison ! Pour ma part, je ne trépigne pas de joie à l'idée de mourir.

Certains philosophes, qui manifestement ne doivent rêver que de cela, vont cependant jusqu'à dire qu'il faut en quelque sorte haïr la vie à vouloir se transformer au point de ne pas embrasser la mort, au prétexte que la mort fait partie de la vie.

Minute papillon.

Pensent-ils cela en prenant un antibiotique pour vaincre une maladie qui à peine un siècle en arrière leur aurait été fatale ? Détestent-ils la vie en attachant une ceinture de sécurité qui pourrait leur faire rater leur rendez-vous avec la mort ? Voient-ils un manque cruel d'humanité dans l'idée de réparer le cœur d'un enfant condamné par sa malformation ? L'éternité supposée de l'univers serait donc un ennemi du sacro-saint principe de vie ?

Aucune religion ne prend la mort pour une finalité. Il y a toujours cette idée de « ce que Dieu a fait, l'homme ne peut le défaire ». Mais la vie n'est pas censée non plus s'arrêter avec la mort.

Alors bien entendu, il y a aussi une certaine vision romantique de la mort que l'on peut trouver dans l'idée de baisser le rideau. Fin du spectacle. Sous vos applaudissements. J'espère d'ailleurs que cette idée vous plait, car tous les humains actuellement sur cette planète — nous y compris — seront encore concernés par cette finitude.

« De poussière, tu retourneras à la poussière ». Je n'aurais aucun problème avec cela s'il m'était donné de le voir !

Étant poussières d'étoiles, je veux bien en changer — et même en laisser quelques kilos au passage —, mais toujours être modelé de cette poussière un peu spéciale, dotée de cette magie qui permet de rire, aimer, chavirer et rêver !

Ne nous cachons pas derrière notre petit doigt. Recréer la vie, artificielle ou non, sera pour nous un moyen de nous prolonger… À vie !

En pensant cela, en imaginant cela pour les générations futures, je fais peur avec un peu d'inconnu, provoque certainement chez vous des réactions de défense, mais au fond ne casse rien dans l'univers. Je n'invente pas de nouveaux atomes, je ne propose pas d'en confisquer plus qu'il ne faut, mais juste de protéger à l'infini les êtres dotés d'une conscience de l'univers qui les entoure. La poussière restera poussière.

La question qu'il faut aborder, avant éventuellement de se poser celle, aussi obsessionnelle qu'inutile, du bien ou du mal, est : « Aurons-nous le choix ? »

Et si cette transition vers une forme de vie — qui quoiqu'il arrive ne serait pas plus artificielle ni moins légitime que celle que nous transformons chaque jour — survenait avant tout parce qu'elle serait le seul moyen pour l'humanité de survivre ?

Et si nous étions justement programmés pour cela ?

Partie 3

Avons-nous le choix de notre avenir ?

« Mille viae ducunt homines per saecula Romam
Qui Dominum toto quaerere corde voluut. »

« Mille routes conduisent depuis des siècles à
Rome les hommes qui désirent rechercher le
Seigneur de tout leur cœur. »

Il est toujours très hasardeux de faire des paris sur l'avenir. Bon nombre de futurologues s'y sont cassé les dents.

Un des exemples les plus amusants date de l'Exposition universelle de Chicago en 1893 quand il avait été demandé à 74 personnalités d'imaginer le monde en l'an 2000. Pas une n'avait évoqué l'automobile et le ballon semblait assurément le moyen de transport du futur. Ainsi pour le sénateur John J.Ingalls, « un citoyen appellera un ballon comme il appelle aujourd'hui un fiacre ou un cireur de chaussures [1] ».

Pour m'y essayer, je suis parti d'un seul principe, avec cette idée que l'Histoire est écrite par les optimistes : si dans la vie il existe quatre façons qui se combinent d'arriver à un résultat, à savoir un moyen simple, un compliqué, un rapide et un lent, le plus probable est que l'évolution choisisse de combiner le moyen le plus simple et le plus rapide. Voilà pour la méthode.

Pour le résultat, si le but ultime de notre espèce tient dans la survie et le prolongement de la conscience de l'univers qui nous entoure, nous verrons que les options qui se présenteront pour y parvenir rendront la question du choix presque accessoire.

---

[1] www.learner.org/workshops/primarysources/corporations/docs/ingalls.html

Chapitre 1

De quel choix parle-t-on ?

La question du choix est intéressante, car c'est autour d'elle que se cristallisent toutes les peurs et toutes les crispations de l'humanité face à son avenir.

Pour répondre à cette question, il convient de bien analyser de quel choix on parle, car on peut en définir au moins deux : le choix du savoir et le choix du changement.

Le choix du savoir

Force est de constater que même à notre époque, après avoir enterré l'Inquisition, détrôné le magique et le religieux, s'être dotés de moyens fabuleux de diffusion des connaissances, les hommes ne sont de loin pas d'accord sur la nécessité — voire le droit — au savoir. L'éthique, le sacré, les intégrismes (religieux, écologiques, philosophiques) érigent sans cesse des barrières, des principes de précaution, bien avant que ne se pose même la question de l'utilisation de ces connaissances.

Avons-nous le droit de faire des recherches sur le transgénisme, l'embryologie, les origines de l'univers ou même l'histoire quand elle vient contredire certains faits considérés comme acquis ?

Il est intéressant de constater que si cette connaissance est sans cesse freinée, par telle ou telle commission, loi, pouvoir ou croyance, elle ne cesse au final de progresser.

L'humanité n'a jamais fait le choix de l'ignorance, mais il est indéniable que cette dernière sert parfois les intérêts de certains.

Inversement, le savoir ne peut se suffire à lui-même. Dans l'idée transhumaniste, il y a la tentation du scientisme. Pierre Thuillier dénonce cette idéologie : « Ce qui nous est promis, c'est un monde complètement objectivé, c'est-à-dire où toutes les réalités, hommes compris, seront parfaitement analysées et manipulées [2] ».

Le pouvoir appartiendrait exclusivement aux hommes de science et aux experts scientifiques. Il s'insurge contre cette notion de science « pure », de progrès technique « neutre », de rejet des responsabilités quant aux problèmes rencontrés par l'humanité. C'est l'abandon de la démocratie au profit de la rationalité des ordinateurs, supposés qualifiés pour résoudre nos problèmes. Il nous met même en garde contre notre reconnaissance envers la technoscience : « Reconnaissons à "la science" de nombreux mérites : grâce à elle, les ténèbres sociales et idéologiques que l'on sait ont disparu. Mais il serait regrettable que, aveuglés par la gratitude, nous négligions la menace d'un totalitarisme scientifique [3] ».

---

[2]   P. Thuillier, Contre le scientisme. Le petit savant illustré, éd. Seuil, 1980

Ce qui nous menace, c'est en effet une technocratie tellement poussée et généralisée que toute différence idéologique ou politique serait effacée. À rapprocher de la confusion actuelle entre partis de gauche et de droite. Sournoisement, en prétextant les difficultés actuelles, financières et environnementales, dont il a pourtant la responsabilité, le système économico-technique impose un remaniement structurel, qui remet en cause les acquis sociaux, et un scientisme idéologique qui est vecteur de juteux profits... et du pouvoir totalitaire.

En 1945, Albert Einstein fut écarté du projet Manhattan, ayant conduit à l'élaboration de la bombe atomique, et ce contrairement à d'autres scientifiques célèbres comme Niels Bohr, Richard Feynman et John Von Neuman. La catastrophe humaine qui s'en suivit le conduit à dire : « Il est étrange que la science, qui jadis semblait inoffensive, se soit transformée en un cauchemar faisant trembler tout le monde ».

Ainsi le choix du savoir peut parfois mener à un obscurantisme d'un autre type.

Le choix du savoir doit être éclairé, car il est dangereux de faire de la science sans savoir ce que la société en fera, d'innover sans avoir réfléchi à toutes les manières dont l'humanité risque d'en faire un usage abusif.

Malheureusement, c'est également le propre de l'humanité de détourner ses créations pour en tirer ce qui la sert d'une autre façon, de chercher à développer son côté obscur. Cette ambivalence reste inévitable. L'essentiel reste le côté où penche la balance. L'invention des drones « grand public » amène des questionnements sur nos libertés et le risque terroriste, le « dark web » est né peu de temps après le web, les progrès en chimie ont permis la création de drogues de synthèse, etc.

Il faut connecter scientifiques, ingénieurs et penseurs humanistes, favoriser leurs échanges, leur réflexion, mais ne pas trop s'attendre à un autre résultat que lorsque nous disons à nos enfants « ne fais pas cette bêtise en mon absence », même s'il parait que parfois cela marche.

---

[3] sniadecki.wordpress.com/1980/04/20/thuillier-scientisme/

Le savoir est également un choix difficile quand il explique, décortique et désacralise ce qui nous paraissait mystérieux. La connaissance des mécanismes génétiques, hormonaux et biochimiques du désir et de la sexualité, entraineront immanquablement la création d'artifices, de stimulants. Déjà pullulent sur le net des sites commerciaux ventant les propriétés de telle ou telle phéromone.

Ainsi, il peut certes être décevant de lever certains mystères de la vie. Mais une fois de plus, s'en inquiéter, le redouter est faire preuve d'un manque de foi en l'homme. Dans une relation amoureuse, passé les premiers instants, la période de découverte de l'autre, l'amour subsiste. On pourrait même dire que l'amour véritable apparaît, puisqu'on en vient à aimer l'autre réellement pour ce qu'il est, en pleine connaissance et non — entre autres — pour l'image qu'il nous renvoie. Être amoureux n'est pas forcément aimer. De la même façon, en acceptant d'appréhender la nature telle qu'elle est, nous apprenons à l'aimer pour ce qu'elle est.

Faire le choix de la connaissance du monde qui nous entoure et de nous même n'est pas un renoncement au Sacré, mais un encouragement au respect.

Le choix du changement

La question de choix nécessite qu'il y ait une réelle conscience préalable à la prise de décision. Or rien n'indique que les grandes avancées techniques aient été longuement discutées, analysées et correctement appréhendées avant leur mise à disposition.

Personne n'a réellement remis en cause a priori l'avènement des transports à grande échelle, internet ou l'arrivée des téléphones portables. Le choix tient plus dans l'acceptation et l'usage éventuel qu'un progrès nous apporte. Il est important de rappeler à ce sujet que ce choix n'est au final pas dicté par la qualité ou le progrès réel d'une technologie, mais bien par son usage. Les disques vinyle ont disparu au profit d'enregistrements numériques encodés, compressés et donc de bien moindre qualité sonore. Cependant ce moyen de diffusion et de partage était plus facile.

Par ailleurs, la question du choix personnel est relative et dépend également de ce que l'environnement décide. Même réfractaire au téléphone portable, mon choix de ne pas en avoir deviendrait de plus en plus difficile, si je veux garder ma place dans la société.

En France, il devient quasiment impossible de ne pas payer de redevance pour la télévision, même si nous ne la regardons jamais.

En tant que médecin, il me serait aujourd'hui impossible d'exercer sans téléphone portable, sans être joignable à tout moment pendant mes astreintes.

Nous n'avons pas le choix du changement. Il s'impose par lui-même, jour après jour, sous la pression constante du Big Five. Réchauffement climatique, épuisement des ressources alors même que la population mondiale croit exponentiellement sont les préoccupations et les moteurs de l'innovation et des changements de notre temps.

Mais certaines questions méritent tout de même d'être posées en amont, car elles peuvent orienter la manière dont les avancées technologiques nous seront proposées.

Ainsi en matière d'assistance, la place du robot doit être discutée. Voulons-nous d'un modèle de société qui déshumanise son rapport aux personnes âgées ou handicapées ? Ne vaudrait-il pas mieux développer le secteur d'aide à la personne en créant des milliers d'emplois ?

Mais un modèle de société qui monnayerait ainsi les problèmes de dépendance et les rapports entre générations est-il idéal ? N'est-ce pas plutôt aux familles de s'occuper coûte que coûte de leurs ainés ?

Si nous ne voulons pas déshumaniser les rapports entre générations, en avons-nous les moyens ? La population vieillit. C'est un fait. Si nous ne voulons pas déshumaniser les rapports entre générations, aurons-nous cependant les moyens humains de placer à côté de chaque personne dans la dépendance, un aidant ? Cela n'est mathématiquement pas possible.

En revanche, nous avons le choix du comment.

De la même manière, comme nous l'avons abordé précédemment, l'informatique, le Big Data et l'intelligence artificielle faible, en générant de l'automatisation, vont faire disparaître dans les trente années qui viennent de nombreux métiers intellectuels.

Ainsi la Harward Business Review, dans son magazine de janvier 2015, publie sous le titre « Les algorithmes plus forts que l'instinct [4] », les résultats d'une étude montrant que l'informatique à l'aide d'un algorithme choisit mieux un candidat à l'embauche qu'un directeur des ressources humaines. Nous pourrions refuser cela, légiférer et interdire simplement l'automatisation, la déshumanisation. Techniquement, rien ne nous en empêcherait.

Mais l'humanité a-t-elle réellement le choix de ne pas trouver des solutions « intelligentes » ? De ne pas se réinventer sans cesse ? Peut-elle considérer qu'elle est arrivée à destination et qu'il faut coûte que coûte protéger l'acquis comme s'il était immuable ? Ne pourrait-on pas plutôt en profiter pour inventer de nouveaux métiers, qui rendent hommage à notre intelligence créative et laisser aux machines toutes les tâches répétitives qui nous aliènent ? Faut-il regretter à ce point les temps pas si modernes, qui furent mis en scène par Charlie Chaplin ?

---

[4]   http://www.hbrfrance.fr/magazine/2014/11/4824-les-algorithmes-plus-forts-que-linstinct/

Le choix de la transcendance

Au fond, ce sera un des seuls choix visibles. Car la volonté de vouloir mourir, de protéger ce qui a été reçu comme sacré, perçu comme sanctuarisé, nécessitera pour ceux qui ont fait ce choix une lutte difficile, car assez minoritaire.

Laurent Alexandre y voit d'ailleurs de nouveaux clivages jusqu'alors inimaginables dans nos sociétés [5].

D'un côté, les bioprogressistes, prônant l'adoption enthousiaste de tous les progrès NBIC, prêts à changer l'humanité et à prendre ce risque au nom du droit, voire même du devoir, d'évolution. On trouve dans ce camp, les transhumanistes cartésiens, très au fait des nouvelles technologies, adeptes des libertés individuelles et qui viennent de tous les horizons politiques. C'est d'ailleurs sur cette notion de liberté individuelle qu'ils fondent leur droit au progrès. « Sous l'influence des technologies NBIC, l'Homo sapiens deviendrait la première espèce "libre", dans le sens où il serait libéré des incertitudes de la sélection darwinienne. Nous ne serions plus les jouets d'un tri accompli par des forces de sélection aveugles, mais les décisionnaires et véritables sélectionneurs actifs des attributs de notre humanité. L'homme biotechnologique aurait toutes les cartes en main pour "s'arracher à la nature" ».

D'un autre côté les bioconservateurs, qui considèreront que le vivant doit être sanctuarisé, protégé d'un individualisme de masse. Ils regrouperont pêle-mêle les écologistes, une certaine partie de la gauche et des conservateurs, y compris religieux. Ils défendront un nouveau slogan du type « dignité, nature, divinité », parfois au risque de passer pour légitimer les inégalités biologiques…

Imaginons par exemple qu'un pays européen voisin autorise la thérapie génique sur embryon afin de réparer des gènes mutés, responsables de maladies incurables. Les bioconservateurs, en se positionnant contre un tel progrès, risqueraient de porter la responsabilité de ce choix idéologique, bientôt assimilé après quelques années à de la non-assistance à personne en danger.

---

[5]   Alexandre Laurent, « Transhumanisme versus bioconservateurs. », Les Tribunes de la santé 2/2012 (n° 35) , p. 75-82

Il nous semblerait inconcevable à notre époque qu'une mère puisse accoucher seule à domicile avec quelques serviettes et une bassine d'eau chaude, quand l'accès à une maternité et à du personnel médical qualifié est aisé.

De même, les questions éthiques soulevées par les implants cochléaires ont été nombreuses. La politique actuelle d'implantation d'enfants sourds prélinguaux est vivement contestée par une partie de la communauté sourde [6]. En effet, elle y voit une dévalorisation de la langue des signes au profit de la langue orale, voire une négation de la culture sourde. Elle interprète le choix des parents d'enfants sourds qui optent pour l'implantation de leur bébé, comme une tentative de « réparer la surdité », de « réparer leur enfant », en le faisant un mauvais entendant, un malentendant, handicapé à la fois dans le monde sourd et dans le monde entendant.

Elle craint que le choix de faire opérer un enfant sourd risque de freiner son intégration dans la communauté sourde sans pour autant lui assurer une intégration parfaite dans la communauté entendante.

La réponse des autorités de santé à ce sujet est un cas d'école de ce qui se passera dans tous les domaines où la science pourra faire reculer la maladie ou le handicap.

Ainsi, le comité consultatif national d'éthique avait estimé dans un avis datant de 1994 que si les parents optaient pour une implantation cochléaire, il convenait de conjuguer l'implantation à un apprentissage de la langue des signes dès que possible, soit vers l'âge d'un an. Réponse de « ni-ni », laissant le temps faire son œuvre…

Ainsi depuis 20 ans, les progrès techniques se succédant, les professionnels de santé ont progressivement déconseillé de mixer langue des signes et implantations et ont invité à laisser l'enfant investir pleinement la sphère orale.

Petit à petit, ne plus appareiller un enfant pouvant l'être devient une non-assistance à personne handicapée. La valeur morale, de garder un enfant dans le monde du silence n'est plus tenable.

---

6   Balkany TJ, Hodges AV, Goodman KW. Ethics of cochlear implantation in young children, Otolaryngol Head Neck Surg 1996;114:748-755

La Haute Autorité de Santé a fini récemment par conseiller d'implanter l'enfant sourd profond le plus précocement possible pour lui permettre d'entrer le plus facilement possible dans l'oralité [7]. Dans son rapport, aucune mention n'est faite de la Langue des Signes…

Le choix est une question de temps.

La science-fiction de naguère devient médecine-réalité. Toute la question est de savoir si, au nom des risques, il faut – et s'il est possible de – s'opposer à la convergence des NBIC. L'Histoire a montré que l'homme ne résiste jamais à l'attrait de la nouveauté, quand bien même celle-ci recèlerait un danger. L'homme résistera d'autant moins à la révolution biotechnologique que celle-ci lui promet un développement de sa propre puissance et une victoire sur la mort.

On peut imaginer que certains sujets entraineront des crispations aussi nettes que celle d'une partie de la communauté sourde, parfois même assez violentes.

Des bioconservateurs feront le choix de la mort aussi sûrement que certaines personnes choisissent de combattre le cancer du pancréas avec l'homéopathie.

Cependant, année après année, les barrières tomberont, aussi sûrement qu'ont été balayées les oppositions au droit à l'avortement ou à la procréation assistée. La place de la transcendance, de l'âme et de Dieu ne seront plus nécessairement solidaires de notre mort.

Les questions de la survie de l'homme et de son combat contre la souffrance ne seront plus considérées comme le reflet d'une certaine vanité.

La compréhension de la conscience replacera l'âme en orbite, autorisant l'homme à entretenir « la machinerie » du vivant. Ce moment correspondra vraisemblablement à celui de la découverte des premières formes de vie extraplanétaires. L'homme se sentira libre et responsable quitte à son tour, à transcender la mort pour faire vivre l'inerte.

---

[7] www.has-sante.fr/portail/upload/docs/application/pdf/fiche_bon_usage_implants_cochleaires.pdf

La question n'est donc pas vraiment « que choisir », mais plutôt « quand ferons-nous les choix qui s'imposeront pour la survie de notre espèce ? »

Ils ne dépendent plus des technologies qui sont presque à notre portée.

C'est en grande partie l'environnement qui dictera le moment.

Chapitre 2

La pression de l'environnement

Nous ne pourrons pas continuer à vivre selon le même modèle de croissance et de civilisation. L'épuisement des ressources naturelles nous guette. La consommation croissante des énergies fossiles est reliée au phénomène de réchauffement climatique. Plus personne de sérieux ne conteste cela. Par ailleurs et indépendamment de notre empreinte, la vie sur notre planète est condamnée.

En effet, les nouvelles ne sont pas bonnes. Si nous ignorons quand la vie disparaîtra de la Terre, il est bien plus probable que la vie terrestre soit plus proche de la fin que du début. En dehors de tout facteur humain, l'évolution de la Terre et du Soleil rendront notre monde inhabitable dans un futur lointain à l'échelle des civilisations, mais relativement proche comparé aux temps astronomiques.

Mais déjà bien avant cela, la pression démographique liée à la croissance de la population mondiale et aux mouvements liés aux migrants écologiques, fuyant de vastes zones devenues inhabitables, nous conduira à regarder ailleurs et à nous reposer la question de notre survie en bousculant notre humanité.

Interstellar ou Titanic ?

D'emblée, soyons clairs : le scénario du film qui raconterait comment l'homme a orienté son futur ressemblerait probablement à un mélange des deux.

Il ne s'agit ni d'être « catastrophologue », ni de surfer sur la peur de l'avenir comme d'autres surfent sur la peur de l'autre, mais d'analyser froidement des scénarios qui s'appuient sur des faits peu contestés.

Titanic, de James Cameron, symbolise la puissance et l'arrogance de l'homme toutes deux mises en échec, balayées par une nature qui finit toujours par l'emporter sur la condition humaine. Ce film symbolise également l'enchainement catastrophique et irréparable pouvant découler d'erreurs d'inattention et de la prise de mauvaises décisions aux mauvais moments.

En substance : quels que soient notre intelligence et notre degré d'évolution, il convient de rester particulièrement vigilant à notre environnement et ne pas pêcher par excès de confiance.

Interstellar, de Christopher Nolan, souligne la rapidité avec laquelle l'humanité risque de devoir s'adapter. Il est probable que nous manquions de temps.

Vous en doutez ? Lisez plutôt…

L'entropie n'est pas dans notre camp

L'entropie (du grec entropia qui signifie retour en arrière) désigne la tendance naturelle de tout système organisé — et de l'univers lui-même — à s'orienter vers un désordre accru. En d'autres termes, comme l'explique Jean-Claude Guillebaud dans son ouvrage « le Principe d'humanité [8] » : « la flèche du temps dirige irrésistiblement la matière organisée, et, partant, l'univers tout entier, vers une entropie, un désordre, un délabrement grandissants. Une tasse de café qui se renverse, une masse qui se désagrège, la décomposition d'un corps animal, l'éparpillement d'un jeu de cartes : autant de phénomènes qui correspondent à une augmentation de l'entropie ».

Pour Norbert Wiener, célèbre mathématicien américain, nous serions des « enclaves », des zones de résistance à cette entropie.

Combien de temps pourrons-nous ainsi résister ?

---

[8]   Jean-Claude Guillebaud, Le principe d'humanité, Editions du Seuil, 2001

La fin de l'énergie fossile

Les énergies fossiles représentent 99,5 % des 14 milliards de watts que nous consommons annuellement, avec 33 % pour le pétrole, 25 % pour le charbon, 20 % pour le gaz, 7 % pour le nucléaire et 15 % pour la biomasse et l'hydroélectrique.

Les énergies renouvelables, dont l'énergie solaire, ne représentent ainsi que 0,5 % de notre part de dépense énergétique.

Qui dit fossile, dit épuisable. Même si le cours du pétrole a beaucoup varié ces dernières décennies en raison de problématiques essentiellement géopolitiques, il ne fait aucun doute que son prix moyen continuera d'augmenter à long terme. Par ailleurs, la montée des classes moyennes en Chine et en Inde entraîne une hausse croissante des besoins et des coûts d'extraction.

La fission nucléaire n'est pas non plus la solution d'avenir. En dehors des catastrophes récentes de Tchernobyl et de Fukushima qui laissent un impact fort dans l'opinion publique au moment même où se décide la voie de la transition énergétique, elle est surtout une source d'énergie extrêmement polluante. La fission d'un atome d'uranium produit une radioactivité qui dure des dizaines de millions d'années.

À titre d'exemple, aux États-Unis, le parc civil nucléaire compte environ cent réacteurs à l'origine de milliers de tonnes de déchets fortement contaminés chaque année.

Y a-t-il pour l'heure d'autres solutions ? Le candidat le plus prometteur à la succession reste probablement le couple solaire et hydrogène, avec cependant deux obstacles de taille :

— D'une part, l'inefficacité pour l'heure des cellules photovoltaïques dont le rendement ne dépasse pas 15 %.

— D'autre part, l'hydrogène, qui est plus un vecteur de transport qu'une source d'énergie, car pour le séparer par exemple de l'oxygène de l'eau, il faut de l'électricité.

D'ailleurs, il ne faut pas oublier que si la voiture électrique est moins polluante à la consommation, sa batterie ne tire pas son énergie du néant. Pour la charger, l'électricité utilisée est pour l'heure produite à partir de l'énergie fossile.

L'éolien, à mon sens une des pires idées de progrès, qui aura le mérite de bien faire rire les générations futures, reste une solution à court terme et de faible portée qui dépend du vent, dont l'intensité est intermittente et dépendante de la géographie.

L'énergie de fusion nucléaire, qui provient du mariage de noyaux d'hydrogène très chauds est très intéressante. Elle dégage une énergie bien plus colossale que la fission avec très peu de déchets. À poids égal, la fusion libère 10 millions de fois plus d'énergie que l'essence. L'équivalent de 500 000 barils de pétrole dans un verre d'eau[9]. Malheureusement et comme dans beaucoup de domaines, on nous prédit l'avènement de la fusion dans 20 ans tous les 10 ans, et ce depuis 40 ans...

À l'heure actuelle les deux projets les plus sérieux sont en France le projet ITER pour « International Thermonuclear Expérimental Reactor [10] » et aux États unis le projet NIF (« National Ignition Facility ») [11].

[9]   Sheffield, Charles, Marcelo Alonso, and Morton A. Kaplan, éd. The world of 2044: Technological Development and the Future of Society. St. Paul, MN: Paragon House, 1994, p.158
[10]   www.iter.org/fr
[11]   lasers.llnl.gov/news/nifps_news

La fin de la Terre

On peut se reprocher beaucoup de choses, mais il reste beaucoup de domaines qui ne dépendent pas que de nous.

Les astrophysiciens ont émis des théories sur la fin du système solaire. Le soleil qui nous fournit chaleur et lumière est une gigantesque boule de gaz qui ne cesse de s'effondrer sous l'effet de la gravitation. Ce phénomène est compensé par l'énergie dégagée par la fusion de la matière au cœur de l'étoile. Actuellement le soleil est en équilibre. Il est dans une période appelée « séquence principale » qui correspond à la fusion de l'hydrogène. Cette période dure depuis 4 milliards d'années et devrait durer encore le même temps.

Dans 4 milliards d'années, l'hydrogène du cœur de l'étoile sera épuisé et son effondrement reprendra. La pression au centre deviendra alors telle, que l'hélium entrera en fusion, ainsi que l'hydrogène des régions plus périphériques. Or la fusion de l'hélium dégage beaucoup plus d'énergie que celle de l'hydrogène. Les couches externes vont donc gonfler démesurément, jusqu'à l'orbite de Mercure qui au passage, sera vaporisée. Puis, la surface de l'étoile devenue beaucoup plus grande va refroidir et virer au rouge.

Toutefois, vu de la Terre, l'augmentation de la surface fera bien plus que compenser ce refroidissement et la température va globalement augmenter.

Dans un premier temps, cette augmentation de température va favoriser la vie au point que cette période pourra être considérée comme son âge d'or.

Les glaces polaires vont fondre et une grande partie des océans va s'évaporer. Le climat sera plus humide, les précipitations seront plus abondantes, favorisant ainsi la végétation. Toutefois, cette période va être de courte durée, tout au plus de quelques milliers d'années. Le soleil va continuer à gonfler et bientôt la température de la surface dépassera la température de viabilité des cellules eucaryotes qui disparaitront sauf peut-être dans des zones bien protégées de la chaleur (grottes, profondeur du sol).

Quand la température dépassera enfin les 100 °C et que l'eau liquide ne pourra plus exister, les procaryotes thermophiles mourront à leur tour. Enfin, le vent solaire dispersera l'atmosphère terrestre dans l'espace avant que la croissance solaire ne vaporise la Terre, Mars puis enfin Jupiter.

Cette première théorie donne donc à la vie encore 4 milliards d'années de sursis, ce qui — sur le papier — nous donne un peu de marge.

Mais cette théorie part du principe que le soleil reste statique pendant toute la durée de la séquence principale. Or il semble que cela soit inexact. À la naissance de la Terre, quand la vie est apparue, le soleil était plus petit et moins chaud qu'aujourd'hui. En vieillissant, son diamètre et sa température augmentent. Bien sûr, ce phénomène est lent, mais réel. Et quand le soleil passera au stade de géante rouge, cela fera belle lurette que la température sur Terre aura dépassé le point d'ébullition.

Ainsi, l'échéance pourrait être bien plus près du milliard d'années que des 4 milliards annoncés. Gloups.

L'épuisement du dioxyde de carbone et du phosphate [12]

Le sol de notre planète est constitué en grande partie de calcaire. Le calcaire provient de la précipitation du dioxyde de carbone avec un ion calcium. C'est une bonne chose, car le CO_2 est un gaz à effet de serre. Si à l'aube de la vie, sa forte concentration dans l'atmosphère a permis d'assurer une température suffisante malgré un soleil faiblard, avec la taille actuelle de ce dernier, tout ce gaz dans l'atmosphère élèverait la température bien au-dessus du point d'ébullition.

Mais le CO_2 est indispensable à la vie végétale. Plus il y a de dioxyde de carbone dans l'atmosphère, plus les végétaux sont luxuriants.

En fait, c'est l'ensemble de la vie qui serait touché par la baisse du CO_2 et pas uniquement les végétaux.

Les molécules organiques sont constituées d'un cœur carboné dont les atomes proviennent tous d'une molécule de CO_2. Ainsi, sans CO_2, il n'y a pas de vie.

Dans ce scénario, la fin de la vie se caractérisera, au contraire du précédent, par un affaiblissement général : la végétation sera de moins en moins dense, les déserts augmenteront en surface.

Les scientifiques ont constaté que le CO_2 était plus rapidement incorporé dans le calcaire qu'il ne s'en dégageait. Ils ont fait ces constations en mesurant la quantité de gaz emprisonné dans les gisements de craie qui se sont accumulés durant le seul Cretacée, période de quelques 80 millions d'années. En se basant sur le rythme actuel de production, les mêmes scientifiques ont calculé que le CO_2 serait épuisé à une échéance de 10 millions d'années.

Cependant, certaines études montrent que ces estimations avaient négligé le CO_2 rejeté dans l'atmosphère par les volcans. Le calcaire qui s'enfonce dans le manteau par les zones de subduction est en effet dissocié et une partie du gaz carbonique est rejetée dans l'atmosphère, une autre transformée en diamants.

---

[12]   D. Nahon, L'épuisement de la Terre : L'enjeu du XXIe siècle, Odile Jacob, 2008

En tenant compte de ce phénomène, on arrive à une valeur beaucoup plus élevée, mais encore bien basse de 100 millions d'années.

On est bien loin des 4 milliards d'années évoqués précédemment...

Quand le thermomètre s'emballera

La Terre a une température à peu près constante depuis sa naissance. Il y a eu des périodes chaudes et des périodes plus froides, mais jamais éloignées de plus de quelques degrés par rapport à une moyenne d'environ 20 °C. Une telle stabilité n'aurait pu se maintenir pendant si longtemps sans moyens de régulation puissants.

Le principal d'entre eux est l'eau. En effet quand la température de la Terre augmente, la quantité d'eau qui s'évapore augmente aussi. La couche de nuage plus épaisse réfléchit d'avantages de rayons solaires dans l'espace. La température baisse alors, l'eau se condense en pluie, les nuages disparaissent et les rayons lumineux contribuent à nouveau à augmenter la température.

La Terre étant recouverte au trois quarts par les océans, cette masse d'eau gigantesque a ainsi un immense pouvoir de régulation thermique, qui a toutefois ses limites…

Si la température augmente trop, les nuages s'évaporent dans l'atmosphère, créant un effet de serre qui augmente la température. La chaleur piégée au niveau du sol est alors à l'origine d'une nouvelle augmentation de la quantité d'eau dans l'atmosphère, et ainsi de suite…

On arrive à une réaction que rien ne peut arrêter.

On peut noter qu'un tel phénomène existe aussi vers le froid. Si la température baisse trop, les nuages disparaissent, mais l'eau se transforme en glace qui a un pouvoir réfléchissant similaire. Une plus grande quantité de chaleur est rayonnée vers l'espace et la température baisse encore.

Cependant, la Terre s'est toujours sortie de ses glaciations, aussi sévères soient-elles, car elle est une planète active, dont les éruptions volcaniques dégagent de grandes quantités de chaleur, d'eau liquide, de CO_2 et de poussières contribuant à ramener la Terre dans sa plage de régulation.

Mais vers la chaleur, il n'existe pas de frein. Si la température monte trop haut, il est probable qu'elle ne s'arrêtera plus avant d'atteindre les 100 °C.

C'est entre autres ce qu'il s'est passé sur Venus. La question est de savoir à partir de quelle augmentation de température la machine risque de s'emballer. Si c'est de l'ordre de 20 ou 25 °C supplémentaires, on est « tranquille » encore un moment. En revanche, si c'est de l'ordre de 5 °C, nous risquons fortement de l'atteindre avant le XXIIe siècle.

De 4 milliards d'années, puis 1 milliard, puis 100 millions... Le compte à rebours vient finalement de tomber à 200 ans...

Et c'est sans compter sur la capacité de l'homme à s'autodétruire...

Ceci conduit à ce que des scientifiques, comme Franck Fenner à qui l'on doit l'éradication de la variole et de la myxomatose, prédisent l'extinction de l'espèce humaine, « peut-être dans les 100 années qui viennent [13] ».

[13]   www.theaustralian.com.au/higher-education/frank-fenner-sees-no-hope-for-humans/story-e6frgcjx-1225880091722

Chapitre 3

Quand l'homme travaille à son propre déclin

L'homme est quoi que l'on en dise assez clairvoyant sur la question, même si le catastrophisme suscite l'incrédulité et parfois même, sarcasmes et irritations.

Bien entendu, il y a la mort programmée de notre étoile, le risque qu'un astéroïde nous rende visite, qu'une civilisation lointaine décide de nous coloniser ou qu'une nouvelle épidémie nous règle notre compte.

C'est ce qu'il est courant d'appeler les causes exogènes. Mais rien n'égale notre propre force de destruction, notre capacité endogène à travailler au déclin de nos civilisations, jusqu'à entraîner la disparition pure et simple de sociétés entières.

Que pouvons-nous apprendre du passé qui nous aiderait à éviter le déclin ou l'effondrement comme tant d'autres sociétés avant nous ?

Quand on envisage l'avenir de l'humanité, on admet volontiers le risque d'une diminution du bien-être des générations futures, même si la disparition définitive de l'homme nous paraît inimaginable.

S'il en est ainsi, c'est que l'homme aurait une capacité d'adaptation qui, sans le mettre à l'abri de crises graves, lui permettrait de les surmonter à jamais.

En réalité, par le passé, des sociétés ont bel et bien disparu. Non seulement des civilisations se sont progressivement éteintes, mais des sociétés entières, avec les hommes et les femmes qui les composaient, se sont effondrées en des laps de temps parfois courts à l'échelle de l'histoire.

Parmi les civilisations disparues les plus connues, citons l'Égypte des pharaons, la civilisation de l'Indus, les civilisations amérindiennes (Olmèques, Aztèques, Mayas…), la civilisation minoenne, la civilisation mycénienne, l'Empire romain ou encore la civilisation khmère d'Angkor.

Mais à l'inverse, il y a aussi beaucoup d'endroits dans le monde où des sociétés se sont développées pendant des milliers d'années, sans aucun signe d'effondrement majeur, comme au Japon, à Java, Tonga ou Tikopea.

Comment comprendre ce qui rend certaines sociétés plus fragiles que d'autres ?

On retrouve plusieurs mécanismes à l'origine de ces disparitions qui sont bien souvent synergiques [14].

La domination par une autre civilisation

La guerre est la principale cause de l'effondrement des civilisations ou des cultures. Ce fut vrai entre autres pour les civilisations grecque, romaine, maya et aujourd'hui, probablement aussi pour la culture Tibétaine écrasée par la chine. L'homme sait très bien que sa plus grande menace reste lui-même, notamment depuis le 6 août 1945, quand Enola Gay largua à la verticale de l'hôpital Shima, situé au cœur de l'agglomération d'Hiroshima, la première bombe nucléaire, recouverte de signatures et d'injures à l'adresse des Japonais. Cette bombe, qui fit en quelques secondes 75 000 morts, ouvrait le dernier chapitre d'une guerre responsable de 60 millions de morts, soit 2,5 % de la population mondiale. « Nous autres, civilisations, nous savons maintenant que nous sommes mortelles », dira encore Paul Valéry en 1919 dans « La Crise de l'Esprit » en se penchant sur le naufrage de l'Europe pendant la précédente guerre mondiale.

[14] F. Braudel, Grammaire des civilisations, Champs Histoire, 2013

L'épuisement de l'environnement naturel

En déboisant à outrance, en appauvrissant les sols, en ponctionnant drastiquement sur la faune et la flore, les hommes de certaines sociétés ont fini par saper les bases mêmes de leurs activités de survie. C'est notamment ce qu'il s'est produit pour les habitants de l'île de Pâques et d'une certaine manière pour l'empire maya ou encore les Anasazis d'Amérique. Ainsi, certaines cultures s'autolimitent quand elles dépassent les capacités de développement durable de leur environnement et surconsomment des ressources stratégiques (les arbres, le sol et l'eau en particulier). Ceci crée une boucle de rétroaction qui conduit à terme à un effondrement social et une régression technologique [15].

Nous avons vu que chaque année des milliers d'espèces disparaissent, en grande partie en raison des bouleversements environnementaux qui impactent leur habitat naturel et dont nous sommes en grande partie responsables.

Nous scions la branche sur laquelle nous avons grimpé pour dominer le monde.

Pour sensibiliser les masses, la notion de « jour de dépassement [16] » a ainsi été inventée. Ce jour représente la date approximative à laquelle notre consommation de ressources naturelles dépasse la capacité annuelle de la planète à les renouveler. Ainsi, notre terre est devenue déficitaire en 1973. Le jour du dépassement était en 1993 le 21 octobre. En 2015, c'était le 20 aout.

Les résultats sont sans appel : l'humanité a épuisé en huit mois la capacité annuelle de notre planète à reproduire les ressources naturelles que nous consommons et à absorber le CO_2 que nous émettons. Même si le jour du dépassement ne représente qu'une estimation des tendances de consommation des ressources, il constitue la meilleure approximation scientifique de l'écart entre

---

[15] J. Diamond, Collapse: How Societies Choose to Fail or Succeed, Penguin Books. 2011

[16] www.footprintnetwork.org/en/index.php/GFN/page/partner_network/nef_the_new_ec onomics_foundation

notre demande en ressources et services écologiques, et la capacité de notre planète à les fournir.

Nous vivons peut-être également au-dessus de nos moyens humains. S'il n'est évidemment pas question de considérer qu'il s'agisse d'une variable à ajuster, il convient d'en tenir compte pour nos choix futurs.

Notre croissance démographique est impressionnante. De quelques millions d'humains, il y a 10 000 ans au début de l'agriculture, nous avons passé en 2015 la barre des 7,26 milliards.

Si l'on imagine les conséquences sur l'environnement, les autres espèces et la biodiversité, cette augmentation exponentielle pourrait conduire à une catastrophe civilisationnelle particulièrement inédite.

En effet, alors que jadis l'effondrement d'un empire se traduisait par une dispersion sur d'autres territoires de vie des « effondrés », ces derniers ne bénéficieront bientôt plus de terres d'exil en réserve, intactes et riches en ressources.

Les variations climatiques

Certaines civilisations ont échoué à s'adapter aux variations climatiques brutales qui se sont produites.

Jared Diamond, biologiste évolutionniste, explique ce phénomène [17] en prenant pour exemple les Vikings du Groenland, confrontés aux XIVe et XVe siècles au démarrage du « petit âge glaciaire ». Soucieux de témoigner de leurs origines, les Vikings s'arc-boutèrent sur leurs valeurs ancestrales, privilégiant l'élevage – pourtant responsable d'une érosion accélérée des sols – et méprisant certaines ressources alimentaires autochtones (phoques, baleines et même, aussi surprenant que cela paraisse, le poisson), ou s'attachant à importer d'Europe des articles de prestige plutôt que des biens, pourtant bien plus nécessaires comme le fer. Orgueilleux, ils se refusèrent à copier les Inuits dont ils auraient pourtant pu s'inspirer. Ils en périrent, alors que les Inuits sont parvenus à se maintenir.

Cependant, l'effet des désastres écologiques n'est probablement dans la plupart des cas qu'un facteur parmi d'autres. Selon Claude Chapdelaine, professeure au Département d'anthropologie de l'Université de Montréal : « La grande majorité des catastrophes liées aux disparitions de civilisations sont plutôt d'une durée s'échelonnant sur plusieurs générations. Ces phénomènes sont davantage des processus aux répercussions indirectes par rapport à l'existence d'un individu [18] ».

---

[17]   Jared Diamond, Effondrement. Comment les sociétés décident de leur disparition ou de leur survie, Gallimard, Collection « NRF Essais ». 2006
[18]   www.forum.umontreal.ca/numeros/1996-1997/Forum97-03-17/article03.html

La disparition de la capacité créative

C'est ce que souligne entre autres Arnold Toynbee dans « l'Histoire [19] », ouvrage monumental de 6000 pages sur l'histoire des civilisations.

Selon lui, une civilisation croît lorsque son élite suscite l'adhésion interne et externe grâce à sa capacité créative. Elle cesse de croître lorsqu'une cassure se produit et que cette élite perd sa créativité et se transforme peu à peu en minorité dominante, fonctionnant sur une logique de contrôle.

De manière intéressante, Toynbee observe que les effets de cette « cassure » ne sont pas visibles immédiatement. La civilisation peut continuer pendant assez longtemps sur sa lancée, en quelque sorte, bénéficiant même au contraire de l'efficacité résultant de la domination de l'élite. Les systèmes de gestion qu'elle met en place pour structurer la société par définition la rigidifient. En parallèle, la société recrute des cadres qui transforment peu à peu l'esprit entrepreneurial en esprit managérial de mesure et de prédictibilité, qui étouffe la capacité créative et peu à peu fait perdre l'adhésion.

On peut retrouver ce mécanisme de déclin dans l'entreprise et nos établissements de santé.

L'importance de la créativité dans la transition harmonieuse ou le déclin d'une civilisation se rappelle à nous à travers la transformation obligatoire du modèle capitaliste que nous connaissons.

Nous avons le challenge de passer d'un capitalisme matériel à un capitalisme immatériel, autrement dit du capitalisme des marchandises au capitalisme des idées. Ainsi, nous devons développer précisément les domaines d'activités que l'intelligence artificielle et l'automatisation ne peuvent — pour l'heure — investir, c'est-à-dire celles qui font appel au sens commun. Pour prendre un exemple simple, la fabrication d'un iPhone pourra s'affranchir rapidement de l'homme. En revanche, les applications, l'amélioration du transfert des données et plus généralement la promesse évolutive de services qui font la valeur de ce « simple

---

[19]   Arnold Toynbee, Jane Caplan, L'Histoire, Payot, 1996

vecteur » nécessiteront l'homme pour longtemps encore. Par conséquent, la valeur du logiciel supplante celle du matériel.

En d'autres termes, le sens commun constituera la vraie monnaie d'échange pour demain.

Encore faut-il savoir accompagner cette transformation.

Les États-Unis, en siphonnant la matière grise mondiale par une immigration choisie (fameux visa H1B), ont vu ces dernières dizaines d'années la part de l'économie provenant des produits manufacturés fortement chuter au profit de secteurs faisant appel au capitalisme intellectuel (films, industrie musicale, jeux vidéos, télécommunications, informatique, etc.).

La Chine a adopté une stratégie en deux temps : tout d'abord en bâtissant des fondations économiques fortes avec le capitalisme des marchandises, puis en utilisant ce tremplin vers le capitalisme intellectuel, en y réinvestissant les bénéfices des milliers d'usines produisant des biens pour le monde entier.

Mais le coût humain de cette transition n'est pas mince, car si les emplois qui disparaissent sont souvent remplacés par de nouveaux, ces derniers ne font pas appel aux mêmes compétences.

Comme nous l'avions évoqué précédemment, on assiste au contraire à la disparition progressive des emplois non ou peu qualifiés. Avec l'arrivée de l'automobile, le maréchal-ferrant n'est pas devenu carrossier. Et l'avènement de la robotique n'a pas transformé le carrossier en ingénieur robotique.

Petit à petit, les emplois sans qualification, qui faisaient office de « grand escalator » pour accéder à la classe moyenne ont été exportés. Si cela est une bonne chose pour les travailleurs des pays pauvres, ce phénomène du même coup contribue à la crise des pays anciennement riches, qui rechignent à s'adapter. Tenter de soutenir des métiers devenus obsolètes ou de surpayer des emplois, refuser de moderniser les filières de formation, de les réorienter vers les secteurs qui maximisent le capitalisme intellectuel, revient à faire le choix du déclin. Privilégier la valorisation du raisonnement et de la créativité sur la mémoire est une nécessité. Les pays qui font le choix de l'isolationnisme intellectuel, en oubliant que le monde a rétréci, sont voués à disparaître.

On en revient à la valeur du « chiche » ou « t'es pas cap' » et au devoir d'adaptation à l'environnement.

Or actuellement, ce n'est absolument pas le chemin que nous prenons. Incapables d'inventer de nouveaux métiers, nous ne fabriquons que des emplois conçus pour contrôler ceux qui existent déjà.

Normes, certifications, accréditations deviennent, toujours au nom du principe de précaution, « les moteurs » d'une économie virtuelle qui asphyxie peu à peu l'économie réelle.

Ce système, qui n'existe que parce que certains ont un métier créateur de richesse, est entretenu par des politiques professionnalisés et déconnectés du monde réel.

La loi des rendements décroissants

Ainsi, l'investissement dans la complexité sociopolitique atteint un point où les bénéfices qui en résultent commencent à décliner, d'abord lentement, puis beaucoup plus rapidement.
C'est ce que Joseph A. Tainter appelle la « Loi des rendements décroissants » dans son ouvrage « L'Effondrement des sociétés complexes [20] ».
« Ainsi, non seulement une population alloue de plus en plus grandes quantités de ressources au soutien d'une société en évolution, mais, après un certain point, des quantités plus grandes de cet investissement produiront de plus petites augmentations de rendement. Nous montrerons que les rendements décroissants sont un aspect récurrent de l'évolution sociopolitique et de l'investissement dans la complexité ».
Pour maintenir notre niveau de vie, augmenter notre bien-être, notre protection, diminuer « le risque » le plus près possible du zéro absolu, penser « principe de précaution », nous mobilisons, au propre comme au figuré, une immense énergie, qui tôt ou tard peut conduire au déclin : « Les sociétés humaines et les organisations politiques, comme tous les systèmes vivants, sont maintenues par un flux continu d'énergie. Au fur et à mesure que les sociétés augmentent en complexité, sont créés plus de réseaux entre individus, plus de contrôles hiérarchiques pour les réguler ; une plus grande quantité d'information est traitée… ; il y a un besoin croissant de prendre en charge des spécialistes qui ne sont pas impliqués directement dans la production de ressources ; et ainsi de suite. Toute cette complexité dépend des flux d'énergie, à une échelle infiniment plus grande que celle qui caractérise les petits groupes de chasseurs-cueilleurs ou d'agriculteurs autosuffisants. La conséquence est que, tandis qu'une société évolue vers une plus grande complexité, les charges prélevées sur chaque individu augmentent également, si bien que la population dans son ensemble doit allouer des parts croissantes de son budget

---

[20] Joseph A. Tainter, L'Effondrement des sociétés complexes, Editions « Le Retour aux sources », 2013

énergétique au soutien des institutions organisationnelles. C'est un fait immuable de l'évolution sociale et il n'est pas atténué par le type spécifique de source d'énergie ».

Nous voilà en quelque sorte menacés par le confort qu'apporte la réalisation d'une civilisation évoluée.

Le scénario de la troisième guerre mondiale

Ne soyons pas naïfs. N'imaginons pas deux secondes que ce scénario soit le moins probable. Bien au contraire. Quand l'homme sera à l'étroit, dans un espace vital surpeuplé et réduit par le réchauffement climatique, souffrant de la pénurie d'eau devenue aussi chère que le pétrole, il fera ce qu'il a toujours fait dans ce cas là : se retourner contre lui-même. Certains appellent cela « le principe de l'homme des cavernes ».

C'est en fait un instinct de survie, que nous aurions tort de négliger et qui nous menace avec bien plus d'urgence que les conséquences à 150 ans du réchauffement climatique.

Il y a urgence à s'occuper de la suite, à accepter le principe d'entropie, à agrandir notre maison et préparer l'homme à évoluer, si nous ne voulons pas comme seul principe de notre survie, en revenir à la loi du plus fort.

Selon l'ONU[21], la variante haute de la projection de la population mondiale nous placerait à près de 16 milliards d'êtres humains en 2100. Aucune solution de développement durable, d'empreinte carbone zéro ou de régulation ne pourront venir à bout d'un besoin exponentiel de ressources de base : eau potable, nourriture et espace de vie suffisant — à défaut d'être confortable.

Les solutions de survie durable pour ceux qui sanctuarisent l'humain sont schizophréniques : ne pas toucher à « notre humanité », nous laisser évoluer dans un monde où à priori assez tôt nous serons à l'étroit, sans aucune possibilité de nous extraire, et dans le même temps condamner cette humanité qui pour survivre est obligée de produire et d'épuiser la terre.

Irrémédiablement, cette non-assistance à humanité en danger nous conduira un jour à manquer et à nous retourner contre nous-mêmes. La crise des migrants politiques et économiques n'aura rien à voir avec celle des migrants écologiques poussés par la famine et la chaleur.

---

[21] esa.un.org/unpd/wpp/

À ce sujet, je déconseille à quiconque de m'approcher dans le métro un jour de canicule quand je suis tiraillé par la faim ou la soif…

Demain, dans à peine 20 ans, l'agriculture mondiale devra nourrir 9 milliards d'êtres humains, tout en préservant l'environnement, la biodiversité, les ressources naturelles pour les générations futures, et en assurant des conditions de revenu et de vie dignes et plus justes aux paysans du monde. Éradiquer la malnutrition et nourrir 2 milliards d'êtres humains supplémentaires, tel est le défi, qui n'est pas mince sachant qu'aujourd'hui, un milliard d'êtres humains souffrent encore de la faim.

« Rien ne se perd, rien ne se crée, tout se transforme », disait Lavoisier. Associée au principe d'entropie, cette loi fondamentale de la chimie nous explique que rien ne changera au fait que si nous voulons tous survivre, et j'entends par là chaque enfant de nos enfants, il faut se transformer et se préparer à partir.

Autrement dit, même si en chemin se présenteront des solutions de survie transitoires dont il faudra user, il convient dès à présent de ne pas négliger l'incontournable trajectoire de l'homme vers les étoiles.

Chapitre 4

Une course contre la montre

Nous trouverons des moyens d'écoper le navire, d'éviter quelque temps de sombrer : réduction de l'émission des gaz à effet de serre, développement durable, transition énergétique…

L'humanité est déjà entrée en résistance. Elle multiplie les conférences climatiques et cherche des initiatives innovantes comme le projet écologique du chimiste allemand Michael Braungart, « craddle to craddle [22] » qui se propose d'annuler l'idée même de déchets en pensant tout ce que nous faisons comme recyclable.

Mais bientôt se posera la nécessité de créer des colonies extraplanétaires.

Il se peut fortement que nous n'ayons pas le temps de fuir avant que tout soit prêt. À moins que l'homme lui-même ne se transforme d'une manière radicale et compatible avec non pas une planète, mais la grande majorité de son univers.

Voyons ce que cela implique.

---

[22] M. Braungart et W. McDonough, Craddle to Craddle. Créer et recycler à l'infini, Editions Alternatives, 2011

Un inévitable changement de civilisation

Comme nous l'avons expliqué dans le chapitre précédent, les sociétés complexes doivent mobiliser toujours plus de ressources énergétiques pour augmenter leur complexité.

Ainsi, parmi les pays ayant découvert les premiers les principes de la thermodynamique, ceux qui ont décollé le plus rapidement sont ceux qui disposaient des énergies fossiles les plus abondantes et les plus facilement extractibles.

Au-delà de la problématique climatique qui nous menace à moyen terme, c'est bien l'épuisement du moteur de notre civilisation que représentent les énergies non renouvelables, qui pourrait plus rapidement encore, entrainer notre perte.

Par conséquent, soit nous maîtriserons rapidement de nouvelles sources susceptibles de fournir des quantités très importantes d'énergie, et notre civilisation pourra poursuivre son chemin, soit nous n'y parviendrons pas, auquel cas son déclin sera inéluctable. De plus, le rythme des découvertes scientifiques diminue régulièrement malgré l'augmentation continue des moyens mis en œuvre, ce qui, si cette tendance se confirme, pourrait nous condamner à la stagnation.

Ainsi la baisse continue de la croissance des économies les plus développées est peut-être le signe d'un certain essoufflement scientifique liée à un début de pénurie énergétique.

La civilisation planétaire

C'est le concept que développe notamment Michio Kaku, professeur en physique théorique au City College de New York, dans son essai « Une brève histoire du futur [23] » : « En fait, les hommes qui foulent aujourd'hui la surface de la Terre portent sur leurs épaules une responsabilité incomparable : celle de réussir cette transition ou de sombrer dans le chaos. Des 5000 générations qui se sont succédées depuis l'apparition des premiers humains, en Afrique, il y a environ 100 000 ans, c'est à la nôtre qu'il incombe, en définitive, de décider de l'avenir ».

Nous avons vu que depuis les débuts de l'humanité, de nombreuses civilisations se sont succédées, avec toujours les mêmes cycles de vie : naissance, épanouissement et agonie plus ou moins longue et douloureuse.

Mais pour la première fois, l'effet inéluctable de la mondialisation est à l'origine de réseaux de dépendance planétaire. Internet permet l'expansion des communications et de l'information à grande échelle, au moment où la baisse du coût des transports intercontinentaux favorise le voyage et le recul de la méconnaissance des différences culturelles.

Quelques langues, avec en particulier l'anglais et le chinois, s'imposent jour après jour comme des vecteurs incontournables de communication. L'environnement, l'économie, les sports, le bien-être des peuples deviennent également une préoccupation mondiale.

Nous assistons progressivement à l'émergence d'une classe moyenne mondiale, qui ne se focalise plus sur la guerre ou la religion, mais aspire à la stabilité politique et sociale, la consommation de biens et à l'accès à la santé. Nous assistons également, notamment avec les réseaux sociaux, à l'émergence d'une culture planétaire qui vient compléter les traditions locales.

Nous sommes ainsi les témoins vivants de l'émergence d'une civilisation planétaire. Plus précisément, nous devenons ce qu'on peut appeler une civilisation planétaire de Type I.

---

[23]   Michio Kaku, Une brève histoire du futur, Flammarion, 2014

La classification de Kardashev

Selon la classification du radioastronome russe Nikolaï Kardashev [24], les civilisations évoluées sous l'angle de la technologie peuvent se classer en trois grands types distincts : les civilisations de type I, de type II et de type III.

Ce système de classification repose sur le critère des ressources énergétiques disponibles dans l'environnement de la civilisation. En 1964, Kardashev s'intéressait surtout à la détection des signaux émis par des civilisations extra-terrestres. En voulant pouvoir caractériser chacune des civilisations découvertes et évaluer de manière quantifiable et comparative leur degré d'évolution, il établit une échelle fondée sur leur niveau de consommation d'énergie et par conséquent les moyens mis en œuvre pour se la procurer.

Ainsi, toute civilisation évoluée trouvera seulement trois sources d'énergie à sa disposition, ce qui la caractérise :

— Une civilisation de type I, dite « planétaire » consomme les ressources de sa planète d'origine ou Planète-Mère, pour nous la Terre, soit 10 puissance 17 watts.

— Une civilisation de type II dite « stellaire » consomme les ressources de son étoile d'origine, pour nous le Soleil, soit environ 10 puissance 27 watts.

— Une civilisation de type III dite « galactique » consomme les ressources de sa galaxie d'origine, c'est-à-dire de milliards d'étoiles, pour nous la Voie lactée, soit environ 10 puissance 37 watts. L'Empire, de la saga Star Wars en est un exemple…

Les civilisations antérieures au Type I, rentrent dans la catégorie du Type 0. Ce sont des civilisations protoplanétaires ou préplanétaires. Toutes les civilisations connues de notre planète (Civilisations de l'Égypte Antique, Grecque, Romaine, harappéenne, sud-américaine, etc..) sont des civilisations protoplanétaires de Type 0, car nous tirons principalement notre

---

[24] https://fr.wikipedia.org/wiki/Échelle_de_Kardashev

énergie de la dégradation des végétaux, sous forme de charbon ou de pétrole et non du soleil proprement dit.

Combien de temps mettrons-nous pour adapter notre civilisation ?

Pour Michio Kaku, il est possible de faire des estimations : « En supposant que le PIB mondial s'accroisse au rythme de 1 % par an, une hypothèse raisonnable compte tenu de sa valeur moyenne les siècles précédents, passer d'un type de civilisation à un autre prendra en gros 2500 ans. Avec une croissance de 2 %, cette transition prendra 1200 ans ».

Une classification perfectible

Pour ce qui est du type I, il nous faudra probablement encore compter une centaine d'années, si nous arrivons à nous affranchir des effets de la barbarie, du sectarisme, des fondamentalismes, du principe de précaution et de l'entropie.

En effet, une civilisation idéale augmenterait certes en énergie et en capacité de traitement de l'information (ce qui a conduit d'ailleurs Carl Sagan à proposer un autre classement), mais réussirait surtout à conserver l'entropie, c'est-à-dire à contrôler ses rejets.

En cela, on peut considérer que le passage à une civilisation de type II pourrait être un échec, si elle correspond à la fuite d'une planète devenue invivable en raison d'une débauche perpétuelle d'énergie. D'ailleurs si l'entropie de cette civilisation croît plus vite que sa capacité à gagner d'autres planètes, elle courra à sa perte.

Trouver le moyen d'atteindre d'autres planètes à habiter

Il est possible qu'à la fin du siècle des postes avancés sur Mars ou un de ses satellites Phobos et Déimos existent, et ce malgré les problèmes de financement, qui ont considérablement affecté les programmes spatiaux habités.

Il faudra compter 6 mois pour s'y rendre.

D'éventuelles colonies au sein de notre système solaire sont difficilement imaginables tant les contraintes à surmonter pour prospérer dans des environnements qui restent hostiles à l'homme sont nombreuses.

Si l'homme veut explorer des horizons plus lointains, notamment pour rallier d'autres systèmes solaires il devra mettre au point de nouveaux systèmes de propulsion.

Avec une fusée conventionnelle, le voyage vers l'étoile la plus proche demanderait soixante-dix mille ans. À titre d'exemple, les deux engins spatiaux Voyager, lancés en 1977, qui détiennent le record mondial de l'objet le plus éloigné envoyé dans l'espace, ne se trouvent actuellement qu'à 16 milliards de kilomètres. Ils se déplacent pourtant à 56 000 km/h [25].

Autrement dit, pendant que vous avez lu le début de ce chapitre, la sonde Voyager 1 vient de parcourir 2000 kilomètres. Sortie du système solaire en août 2012, il lui faudra pourtant encore attendre 40 000 ans avant d'atteindre le système solaire le plus proche ! Vertige du temps…

Plusieurs idées de systèmes de propulsion ont émergé au cours des dernières décennies :

— la voile solaire : autrement appelée la propulsion photonique, utilise la lumière comme source d'énergie. L'application la plus concrète est le projet Ikaros. C'est un prototype de voile propulsée par l'énergie solaire lancée en mai 2010 par l'agence d'exploration spatiale japonaise, la JAXA, en même temps que sa mission vers Vénus. Des cellules photovoltaïques sont intégrées à la membrane

---

[25]   voyager.jpl.nasa.gov

de 0,0075 mm d'épaisseur. Elles permettent d'utiliser l'énergie solaire pour propulser la voile [26].

— la fusée nucléaire [27] : Ce nouveau système, dont la réalisation a été confiée à une équipe du MSNW dirigée par John Slough, de l'Université de Washington, fait partie du programme NASA Innovative Advanced Concepts (NIAC). Pour l'heure, sa réalisation consisterait en la fusion de deutérium et de tritium – deux isotopes « lourds » de l'hydrogène et contenant par conséquent des neutrons. Le plasma résultant de ce savant mélange serait envoyé sous forme de bulles dans une chambre, où un champ magnétique les comprimerait. L'énergie libérée par la réaction chimique vaporiserait alors le métal de l'arrière de la carlingue, et créerait un mouvement de poussée. Des panneaux solaires suffiraient à initier cette réaction [28].

— le statoréacteur à fusion de Bussard [29] : il utiliserait d'immenses champs magnétiques pour collecter l'hydrogène du milieu interstellaire et le compresser jusqu'à atteindre les densités nécessaires à la fusion thermonucléaire. La puissance dégagée alimenterait en énergie le vaisseau et les gaz produits par la fusion, éjectés à très haute température, serviraient à le propulser.

— les fusées à antimatière : les « moteurs à antimatière » actuellement à l'étude n'utilisent pas directement l'énergie d'annihilation matière/antimatière pour la propulsion, mais exploitent les rayonnements énergétiques (appelés rayons gamma) qui sont produits lors de la rencontre matière/antimatière. Ce rayonnement permet alors de chauffer un fluide comme l'hydrogène. Cependant, il faut tout de même fabriquer cette antimatière avant, sur Terre, et l'embarquer dans ce moteur. Ceci est encore loin d'être possible avec les technologies actuelles, mais sûrement pas impossible à long terme [30].

— les nanovaisseaux : il s'agirait d'utiliser les nanotechnologies pour fabriquer des sondes automatisées autoréplicatives, sortes de

---

[26]   Malcolm Macdonald, Advances in Solar Sailing,2014. Springer Science & Business Media

[27]   Ezekiel Nygren. Hypothetical Spacecraft and Interstellar Travel. Kindle. 2015

[28]   www.gentside.com/mars/une-fusee-a-l-039-energie-nucleaire-pourrait-permettre-d-039-aller-sur-mars-en-90-jours_art55307.html

[29]   fr.wikipedia.org/wiki/Collecteur_Bussard

[30]   www.nasa.gov/exploration/home/antimatter_spaceship.html

robots « Transformers », pour parcourir et explorer l'univers à notre place.

Quand la théorie de la relativité s'en mêle

Einstein a établi avec sa théorie de la relativité que le temps passe plus lentement dans une fusée en mouvement rapide. Et ceci est même exponentiel. Plus nous chercherons à aller vite pour aller loin et plus le temps s'écoulera sur terre rapidement. C'est le fameux « paradoxe des jumeaux de Langevin [31] ».

À titre d'exemple, si un astronaute réalise un voyage de 1 an à 99.99999 % de la vitesse de la lumière, il se sera écoulé sur terre 2236 ans.

Imaginons maintenant que le vaisseau se déplace à présent à 99.999999999999999 % (il y a quinze neuf après le point) de la vitesse de la lumière. À cette vitesse, la galaxie la plus proche de la Terre, Andromède, distante de 2 millions d'années-lumière de la Terre sera atteinte en 3 jours, ce qui fait logiquement l'aller-retour en 6 jours. Mais comme vous allez presque à la vitesse de la lumière, la Terre aura vieilli de quatre millions d'années à votre retour [32].

À la vitesse de la lumière ou presque, l'univers est à notre portée, mais le temps nous le fait payer.

Le temps et l'espace forment ainsi un couple indissociable. Quand le temps s'étire, l'espace rétrécit...

---

[31]   www.univers-astronomie.fr/articles/physique-theorie/125-le-paradoxe-des-jumeaux.html
[32]   S. Durand, Comprendre Einstein en animant soi-même l'espace-temps, Belin, 2014

Préparer les planètes à coloniser

Pour résumer, l'espèce humaine — telle qu'elle est — devra pour survivre :
— Arriver à contrôler le réchauffement climatique, à éviter que le calcaire n'absorbe tout le CO_2, à parer ou détourner les astéroïdes, à changer harmonieusement de civilisation sans s'entre-tuer et à lutter contre l'entropie. Il nous resterait donc, dans le meilleur des cas, probablement entre 1 et 2 milliards d'années devant nous pour se trouver une nouvelle maison.
— Pour ça elle devra mettre au point des techniques pour se propulser hors de notre système solaire à la recherche de planètes habitables, prêtes à être colonisées.
— Il faudra le faire en allant vite pour aller loin, mais pas trop, pour que nous puissions recevoir la réponse en temps et en heures.
— Une fois la planète trouvée, la préparer à nous recevoir, « la rendre humaine », en lui conférant un environnement naturel ou artificiel qui nous soit propice.
C'est ce qu'on appelle « la terraformation ». Ce « terraforming » en anglais, nous vient de l'écrivain Jack Williamson qui, en 1942, rédigea une nouvelle sur ce thème dans une revue américaine de science-fiction. À l'époque, on pouvait en effet considérer que le fait de transformer une planète relevait de l'imaginaire. Pourtant, dès les années 1960, des scientifiques commencent à évoquer et à étudier ce procédé de manière sérieuse. Parmi ces scientifiques, on pourra citer Carl Sagan, pionnier en ce domaine, qui fut le premier à considérer la terraformation scientifiquement, en l'appliquant à Vénus. Actuellement, la cible des études de cette transformation s'appelle « Mars », car il semble plus facile de réchauffer une planète que de la refroidir, ce qui serait le cas de Vénus (qui a d'ailleurs pour autre inconvénient de ne pas posséder d'eau).
La planète rouge est celle qui ressemble le plus à la terre. On la surnomme d'ailleurs la jumelle de la planète bleue.
Pour « terraformer » Mars, plusieurs processus devront être réalisés [33] :

---

[33] V. Boqueho, La Vie, ailleurs ?, Dunod, 2011

— Recréer l'atmosphère : l'atmosphère martienne est très fine et donc impropice à la vie. La principale solution pour reformer une atmosphère dense serait d'importer de l'eau, permettant ainsi de faciliter les modifications dans l'atmosphère grâce à deux réactions. D'une part le mélange d'hydrogène et de dioxyde de carbone, permettrait de réchauffer l'atmosphère et de créer de l'eau (c'est ce qu'on appelle la réaction de Bosch) ; d'autre part d'utiliser la réaction de Sabbatier, qui avec les mêmes réactifs, permettrait de créer du méthane et de l'eau ($CO_2 + 4H_2 \rightarrow CH_4 + 2H_2O$)

— Réchauffer l'atmosphère : le réchauffement climatique de Mars est capital pour que des vies éventuelles puissent s'installer sur cette planète. Pour cela, la principale solution serait d'augmenter l'effet de serre, mais cela impliquerait une atmosphère suffisamment dense. La réalisation de ce projet devra donc se faire après la reconstruction de l'atmosphère. D'après Robert Zubrin, le président de la Mars Society [34], il suffirait d'une augmentation rapide de 4 °C pour lancer le processus de réchauffement qui se prolongerait de lui-même. Ceci pourrait se faire en diminuant la capacité de la surface à réfléchir la lumière notamment solaire ou en augmentant la réflexion (par exemple à l'aide de miroirs). Cela permettrait d'obtenir la fonte des glaces polaires et la libération de Co_2 qui produiraient un effet de serre, contribuant ainsi au cycle de réchauffement et d'épaississement de l'atmosphère. Ceci pourrait également être favorisé par certains microorganismes importés, puis par l'écopoïèse, en créant directement des conditions de vie sans les apporter de la Terre.

— Recréer l'hydrosphère, c'est-à-dire le cycle de l'eau. Si la température de surface de Mars venait à s'élever sous l'effet des gaz à effet de serre, il est fort probable que la glace enterrée sous le permafrost fonderait et jaillirait à la surface de la planète. Une partie de l'eau vaporisée s'élèverait haut dans le ciel de Mars pour former des nuages. La vapeur d'eau étant elle-même un effet de serre puissant, elle accélérerait la hausse de température et la pluie se mettrait à tomber, balayant la poussière rougeâtre qui enveloppe la planète. Ainsi, le ciel passerait du rouge brique, au bleu…

---

[34]   www.marssociety.org

Mais aurons-nous le temps de faire tout ça en restant nous même ?

Je veux dire « physiquement » nous-mêmes ?

Aurons-nous suffisamment de temps pour devenir une civilisation apaisée, autonome en énergie, poursuivant une croissance harmonieuse tout en maitrisant l'entropie ? Aurons-nous le temps d'échapper aux contraintes climatiques ou de nous en protéger, de découvrir d'autres systèmes solaires qui nous soient favorables, de pouvoir y accéder en un temps « humain », de les préparer à nous accueillir et de les coloniser, avant que notre planète devienne inhabitable — soit au mieux 1,5 milliard d'années — ou que notre étoile se meurt ?

Pour Stephen Hawking, « nous ne survivrons pas 1 000 ans de plus sans quitter notre planète devenue fragile ».

Mais en dehors des capacités technologiques dont nous avons parlé, aurons-nous les capacités physiques et intellectuelles de faire face à l'océan cosmique ?

Neil deGrasse Tyson, dans sa merveilleuse série sur le Cosmos [35] faisant écho à celle de Carl Sagan, aborde ainsi la difficulté de l'homme dans l'espace, qui n'est pas son milieu naturel : « Les astronautes qui partent à la conquête de l'espace sont souvent comparés aux grands explorateurs des 15e et 16e siècles, ces hommes qui ont été les premiers à traverser les océans vers des territoires inconnus, sans savoir s'ils reviendraient un jour. C'est vrai qu'il existe des points communs, mais il y a une différence majeure. Quand Cortés est arrivé en Amérique du Sud, quand Christophe Colomb est arrivé aux Caraïbes, il y avait de l'oxygène sur place, il y avait des fruits pour se nourrir. Imaginez que le moteur d'Apollo 11 soit tombé en panne quand Neil Armstrong et Buzz Aldrin se sont posés sur la Lune. Qu'auraient-ils fait ? Rien. Ils seraient morts ».

Quand on regarde de près, la place réservée à l'homme dans l'univers n'est pas franchement favorable. Même chez nous, notre survie n'est possible qu'à certaines latitudes, à une certaine

---

[35]   http://www.natgeotv.com/fr/cosmos-une-odyssee-a-travers-univers

hauteur et nous est interdite sous l'eau. Si nous savons nager, il n'y a bien que sur terre que nous sommes à l'aise, et voler nous est impossible.

Radiations cosmiques, éruptions solaires, désorientation, apesanteur avec pour corollaires atrophie musculaire et fragilisation des os, sont autant d'obstacles qui nous rappellent que l'homme n'est pas nécessairement bienvenu là-haut.

Par ailleurs, arrivé à destination, les études pratiquées dans le cadre d'éventuelles missions sur mars montrent que, maintenir l'homme dans l'espace n'est pas de tout repos. Parmi « les désagréments » comportementaux constatés, on peut relever : une baisse d'énergie, une diminution des capacités intellectuelles, de la productivité et des compétences, une augmentation de l'hostilité envers les collèges et les supérieurs, une irritabilité, une anxiété, un repli sur soi, un état dépressif, une diminution de l'efficacité des communications et des comportements impulsifs. Bref, on peut comprendre pourquoi les missions « non humaines » ont le vent en poupe et pourquoi elles le garderont longtemps.

Mais admettons que des entrainements spécialisés, une pesanteur artificielle, des programmes de divertissements, un temps de voyage raccourcis, nous permettent de nous faire à notre condition, tout de même à peine plus agréable que celle d'un poisson échoué et suffocant.

Admettons que nous puissions nous habituer à la promiscuité d'un environnement fermé, d'une base martienne qui aussi grande soit-elle, nous priverait « du grand air », où les ballades en famille du dimanche ressembleraient à un défilé de « bonshommes Michelin ». (Oubliez la promenade sur Mars avec un simple col roulé et un peu d'oxygène par une journée ensoleillée à 5 °C ! À cette température et avec l'atmosphère actuelle, notre sang se mettrait instantanément à bouillir…)

Combien de temps nous faudrait-il pour changer l'environnement de notre colonie spatiale et rendre la planète réellement habitable ? On estime qu'il faudrait une centaine d'années pour entamer l'écopoïèse, puis environ 900 ans pour que l'homme enlève son masque [36].

---

[36]   tpeterraformation.webnode.fr/tpe/ii-changements-necessaires-pour-rendre-mars-

Un millénaire donc…

Et bien je n'y crois pas. L'histoire de l'évolution nous a appris que c'est à nous qu'il incombe de trouver le moyen de nous adapter à l'univers. Pas l'inverse.

Comment ferons-nous ?

Partie 4

Le fils de l'homme

« Il était une fois…

– Un roi ! – vont dire mes petits lecteurs

Eh bien non, les enfants, vous vous trompez. Il était une fois… un morceau de bois.

Ce n'était pas du bois précieux, mais une simple bûche, de celles qu'en hiver on jette dans les poêles et dans les cheminées. »

« — Illusions, mon garçon ! répliqua Gepetto en secouant la tête et en souriant mélancoliquement. Te semble-t-il possible qu'un pantin à peine haut d'un mètre, comme tu l'es, ait assez de force pour me porter en nageant sur ses épaules ?

— Essayons et vous verrez ! De toute façon, s'il est écrit dans le ciel que nous devons mourir, nous aurons au moins la grande consolation de mourir dans les bras l'un de l'autre. »

Les aventures de Pinocchio
Carlo Collodi

Où tout cela nous mène-t-il ?

Nous sommes conscients de la précarité de notre situation. Elle est physique, environnementale et morale.

Statistiquement, nous avons déjà fait bien mieux que d'autres espèces, survécu plus longtemps, appris et changé à un rythme incroyable.

Et si prochainement, nous réalisions qu'il serait nécessaire de changer encore plus vite et plus profondément ?

Si la science, qui vient de nous, nous aidait à modeler l'inerte, qui est comme nous, pour protéger l'humain et lui permettre de continuer sa course à travers l'univers, afin d'écrire d'autres histoires ?

Et si l'unique alternative à cela était de capituler en admettant une décroissance éminemment fratricide ?

Où se trouve le Sacré ?

Pour beaucoup, il est dans notre enveloppe, dans notre finitude ou même ailleurs, là-haut alors que l'Amour est ici.

Pour moi, il est dans tout ce qui a suivi depuis « Il était une fois l'Homme… »

Protéger toutes les pages qu'il reste à écrire. Là est le Sacré.

L'homme n'aura probablement d'autre choix que de changer sa nature.

Il est ainsi fort possible que l'avenir de l'homme se trouve dans la « machine consciente », après une période d'« homme augmenté » transitionnel. L'Homo Numericus nous y prépare.

Il n'est pas exclu que ce nouvel être soit fait à notre image, même s'il est vraisemblable qu'il soit doté de caractéristiques supérieures.

Ce processus de fusion de l'homme avec la machine consciente, du vivant et de l'inerte, dans un pacte, qui selon moi ne correspond pas à « la Singularité » des transhumanistes, sera évident et progressif.

L'homme de chair et de sang ne sera jamais assez compétitif avec la machine dans la course à la survie. La biologie est d'une complexité merveilleuse, mais moins ordonnée, plus sujette aux erreurs de fabrication qu'une horloge numérique.

Comme nous l'avons vu, le temps pressera et aucun cadeau ne nous a été fait pour survivre dans l'univers. Ce sera à nous de nous adapter et rapidement.

Le vivant tel que nous l'avons reçu, pêche par sa lenteur et sa faible capacité d'adaptation.

Montre mécanique versus montre à quartz. Autrement dit A-T-G-C, les bases biochimiques du vivant ont déjà perdu la bataille face à 0-1, les bases numériques de l'autonome. L'homme augmenté choisit de passer par les départementales en mobylette, quand le Fils de l'Homme empruntera l'autoroute au volant d'une Ferrari.

Cela ne retire rien au respect qu'on doit à l'humain 1.0. Il nous aura aidé à démarrer dans la vie, à découvrir les lois de la physique qui nous permettent peu à peu de prendre en main notre destin et notre humanité.

Il ne s'agit plus seulement de la terre que nous laisserons à nos enfants, mais de l'humanité qu'on leur confiera.

Cet avenir est il nécessairement désenchanté si l'homme que nous connaissons n'en fait partie ? Accepterions-nous que l'homme soit sacrifié au profit de la machine ?

Que faudrait-il pour que cette filiation ne nous fasse pas souffrir : un robot de chair et de sang ? Une conscience ? L'Amour ? La reconnaissance ?

Autrement dit, dans cette transformation, que garderons-nous de notre humanité ?

L'homme ne peut pas prendre conscience de ses limites et s'y résigner. C'est absolument contre sa nature et le sens de son évolution. En faisant le choix de la connaissance, il est devenu nomade et ne s'arrêtera pas en chemin. Cette fuite en avant est son véritable péché originel.

En quelque sorte l'histoire du juif errant, c'est celle de l'humanité.

Et pourtant quitter le corps ne signifiera pas abandonner notre humanité. Bien au contraire, en nous recentrant sur notre essence même, nous réintégrerons cette âme perdue en chemin.

Chapitre 1

Tout ce que nous laisserons derrière nous

« All that you fashion
All that you make
All that you build
All that you break
All that you measure
All that you feel
All this you can leave behind »

Bono, Walk on.

L'être biotechnologique qui remplacera l'homme sera bien issu de son essence même. Chaque mécanisme aura été élaboré, porté, parfois rêvé, puis réalisé par l'homme : de sa place dans l'univers, à sa reproduction en passant par son langage ou ses aptitudes physiques.

Cependant, génération après génération, cette filiation originelle s'estompera et certaines branches, moins adaptées, disparaitront.

L'évolution continuera sa marche en avant.

Le Sacré mal placé

Je ne passerai pas trop de temps à rejeter les scénarios qui prévoient la fin de l'homme au profit de la machine, car ils écrivent une histoire inutile.

Inutile, car ils véhiculent toujours une mélodie qui racontent l'histoire de la boîte de Pandore, que l'homme ne sait pas ce qu'il fait en touchant à lui-même et qu'il faut mobiliser toute l'énergie et l'influence de nos penseurs pour remettre l'homme à sa place : ni trop haut, ni trop bas dans l'échelle du vivant, qu'il convient également de le cadrer, d'éponger ses fuites en avant, puisque fondamentalement, l'être humain est démuni et a priori irresponsable face à l'inconnu.

En somme, Hiroshima pèse lourd, trop lourd pour que le jeu qui consiste à faire confiance en l'humain en vaille la chandelle.

C'est oublier un peu vite tout ce que l'humanité a fait de beau et de bien. Mais où est donc la confiante bienveillance ?

Ainsi pour Hervé Chneiweiss, président du comité d'éthique de l'INSERM, « La vision déterministe des transhumanistes les conduit à fétichiser un idéal bionique et un destin humain détaché des incertitudes liées aux mouvements chaotiques des interactions sociales. Incapables par conséquent d'imaginer ou d'admettre la nécessité de solutions sociales et politiques, ils choisissent de tout ramener au fantasme d'une génétique des comportements dont la maîtrise technologique manifesterait le triomphe de la toute-puissance du génie humain, quitte à métamorphoser le sujet/individu humain en projet humain/posthumain. /… /N'hésitant pas à piétiner les fondements de la bioéthique et les interdits de manipulation du génome humain, les transhumanistes appellent à l'ingénierie des cellules germinales et au clonage reproductif [1]».

Il n'en reste pas moins que depuis toujours, l'homme cherche à s'abolir de lui-même, de ses limites et faiblesses que sont la maladie, l'échec, la souffrance et la mort.

---

[1] H. Chneiweiss, L'homme réparé, Espoirs, limites et enjeux de la médecine régénératrice, Plon éd., 2012

Qu'importe, la vraie nature de l'homme serait d'accepter ses limites et de s'y résigner ? De « gérer » la maison « humanité » en bon père de famille, en réparant les fuites au compte goute : lutte contre un flux migratoire traduisant une souffrance par ici, simple prévention dans le traitement du VIH par là ?

Serait-il nécessaire de stopper tous les progrès qui peuvent être encore faits dans la compréhension du cerveau et des maladies neurodégénératives pour ne pas « piétiner les fondements de la bioéthique » ?

« Les solutions sociales et politiques » peuvent parfois protéger le groupe, ce qui est éminemment important pour la survie de l'espèce, mais elles n'apportent pas de réponses sur ce qui inquiète l'homme au plus profond de lui-même : sa propre fragilité.

On ne peut évidemment pas fermer les yeux là-dessus en prétendant que ça ne compte pas. C'est bien l'accumulation de questions et de souffrances individuelles qui deviennent un jour des questions de société : euthanasie, peine de mort, reconnaissance de l'homosexualité, du droit à l'avortement. Ces questions ne surgissent pas du néant.

La vision bionique de l'homme ne doit pas être un idéal fétichisé, mais un moyen de parvenir à la survie d'une espèce vouée à disparaitre.

Je comprends bien que pour certains, au nom du Sacré et parfois de Dieu, il faut préserver l'homme, la mort et la nature plus que tout, puisque de toute façon la Cause nous dépasse.

On se demande alors bien pourquoi, on s'est donné tant de mal jusque là. N'aurait-il pas fallu plutôt préserver l'Australopithèque si nous voulions que rien ne change ?

Cette pensée raconte l'histoire du fou qui, se jetant d'un toit et en passant devant chaque étage, dit en souriant « Jusque là, tout va bien ».

Oui, le post-humanisme est déjà là, aujourd'hui, dans les pratiques technologiques et les représentations du futur.

Il n'y a d'ailleurs pas plus de post-humanisme, que de pré-humanisme ; il y a l'humain, en marche perpétuelle, toujours prêt à en découdre avec la peur et le néant.

Par ailleurs, le débat est presque inutile, car si la survie de l'espèce est ancrée au cœur de son être, la question du choix pour y parvenir, comme nous l'avons vu, ne se posera pas.

La voie du changement est pour l'homme, inévitable.

Le transhumanisme suicidaire

Mais il ne faut pas nier qu'il existe un danger qu'il se perde en chemin.

L'homme se croit devenu à ce point maître de lui-même, qu'il peut se faire autre que lui-même, s'inventer différent, plus puissant, plus performant, plus beau, plus intelligent, enfin plus parfait. Ceci semble pour beaucoup effrayant et passer bien loin de l'essentiel.

On ne peut nier que cela peut mener à terme, à l'abandon de la liberté, la disparition des désirs à force de pallier l'insatisfaction. Ce serait l'avènement d'un Prométhée, qui n'étant plus enchaîné, comme le veut la mythologie, sur le mont Caucase, au contraire se déchaîne, sans inquiétude morale, sans sanction pour sa démesure, libre de faire ou de défaire, de créer ou d'annihiler à sa guise, y compris lui-même, comme si ses productions étaient plus accomplies, plus parfaites que lui.

Cet homme-là, en n'ayant plus que la perspective de lui-même, finirait par disparaître.

Certains, comme Francis Fukuyama, voient dans les nouvelles technologies au service de l'idée transhumaniste de Singularité, l'avènement d'un nouvel ordre, d'un autre fascisme permettant un contrôle plus puissant des populations. Certaines réalités sont là pour appuyer cette crainte : Google sait tout de nos habitudes, nos goûts, nos déplacements et nos fantasmes — et en nouveau guide suprême sait mieux que nous et oriente nos clics, nous dit par où passer et que manger…

La Singularité nous amènerait à abandonner le corps, mis à nu, dématérialisé au profit d'une conscience numérique qui n'aurait d'autre but que de jouir d'une réalité choisie. Un monde sans obstacle, sans effort, sans souffrance, sans vie.

On retrouve ce thème de « l'uploading » dans le livre « la Cité des permutants [2] », de l'Australien Greg Egan. Il imagine qu'il sera un jour possible de simuler son cerveau sur un ordinateur pour le faire vivre dans un monde virtuel pour l'éternité. On retrouve ce principe dans le film Matrix. L'uploading est aussi le sujet de recherche sur

---

[2]   Greg Egan, la Cité des permutants, Le Livre de poche, 1999

l'intelligence artificielle de Marvin Minsky ou Hans Moravec, l'un des concepteurs de la robotique intelligente.

Pour corriger ce cauchemar transhumaniste, la dématérialisation devrait au minimum proposer un environnement sensitif virtuel. Ce dernier nous permettrait alors d'interagir, de percevoir la réalité que nous voudrions percevoir « comme si nous y étions ».

Mais ce scénario d'évolution de notre monde pour le tout sensitif virtuel est peu probable.

Si la réalité virtuelle fera indéniablement partie de nos vies à une échelle insoupçonnée, c'est également parce que nous pourrons nous en extraire. L'Eldorado artificiel deviendrait « invivable » si nous ne pouvions retrouver une certaine réalité.

Il s'ensuivrait une fuite en avant, des âmes numériques errantes, perdues dans un monde virtuel devenu la réalité à laquelle il faudrait échapper…

Tout ceci ressemble plus à la définition de l'enfer.

Oui, cette histoire est inutile, car l'homme ira là où le conduiront ses rêves et sa survie. On peut s'interroger 1000 ans ou s'offusquer des millions de fois de ce qu'il pourrait advenir de lui s'il ne s'abandonnait qu'à son ego, mais cette façon craintive d'envisager l'avenir traduit surtout une défiance conservatrice envers l'humanité.

Platon disait que le corps est le tombeau de l'âme. Si l'homme cherche à s'extraire de cette tombe, est-ce réellement au détriment de l'âme ? Faut-il absolument laisser l'aveugle ne jamais voir, l'amputé sur son fauteuil et la tumeur se développer ? Est-ce déjà faire preuve d'un insupportable laxisme que de laisser l'homme se mêler de ces choses-là ? Ce serait donc le fait de vouloir se mêler de tout qui le menacerait ?

Au nom de la peur de la perfection, il convient de ne plus bouger, voire de reculer, de laisser l'homme se débattre avec ses imperfections, devenues gages de sa splendide humanité.

La philosophie nous parle avec justesse de l'homme que nous connaissons, mais peine à en imaginer un autre. Qu'aurait dit Platon de l'humanité d'Homo Erectus ? La philosophie se nourrit indiscutablement d'orgueil en plaçant l'homme moderne au centre de ses préoccupations.

Bruno Latour, philosophe et anthropologue, décrivait ainsi déjà en 1992, à propos du milieu des penseurs de son temps, un « univers intellectuel dont nous avons éradiqué toute technique, où l'on punit sévèrement ceux qui s'intéressent à l'âme des machines, les enfermant dans un monde à part, celui des ingénieurs, des techniciens et des technocrates [3] ».

Il est cependant une autre musique à laquelle il convient d'être bien attentif. Comme le dit l'essayiste Jean-Claude Guillebaud : « La combinaison des deux, technique et marché, aboutit à cette étrange "fuite en avant" que nous sommes en train de vivre, une fuite sans dessein précis ni destination claire »[4].

En effet, cette combinaison considérée aujourd'hui comme « naturelle » associant la technique pour suppléer aux carences de la nature humaine et le marché, pour gérer les échanges entre individus égoïstes, risque de s'imposer pour dessiner une histoire évolutive de l'homme qui ne soit en fait qu'au bénéfice de certains. Ceci, dans l'histoire des espèces, conduit toujours à une impasse.

Ainsi, pour éviter un avenir transhumaniste qui puise ses références dans un certain mal-être face à la mort, face à l'humain, et qui trouverait donc plus pratique de tourner la page de « l'ancienne humanité », nous avons plus besoin que jamais que la philosophie accompagne nos réflexions, mais aussi qu'elle se réinvente, sans frisson, qu'elle ne balaye pas d'un revers de la pensée, ce que la science pourrait changer dans notre humanité et là où l'homme cherche à aller.

En quelque sorte, il y a urgence à ce que penseurs et scientifiques ne divorcent pas à nouveau et partagent, toujours avec cette « confiante bienveillance ».

Guido Calogero, professeur d'histoire de la philosophie à l'Université de Rome avait déjà compris en 1965 qu'il ne fallait pas sous-estimer les promesses de la cybernétique : « Nous n'avons aucune raison rigoureuse pour nier, par avance, que de futurs robots seront capables d'accomplir les tâches les plus hautes de l'intelligence humaine [5] ».

---

[3]   Bruno Latour, Aramis ou l'Amour des techniques, La Découverte, 1992
[4]   Jean-Claude Guillebaud, L'homme est-il en voie de disparition ?, dans Les Grandes Conférences, 2004
[5]   Guido Calogero, « L'homme, la machine et l'esclave », dans Le Robot, la bête et l'homme, Editions de la Baconnière, 1966

Les scénarios de la grande purge

— Premier scénario : l'homme va créer la machine, superintelligence éveillée qui finira par se rebeller contre son créateur avant d'au mieux l'avilir, mais plus surement l'exterminer. La cohabitation de l'homme 2.0 avec la machine intelligente pourrait nous amener à une certaine concurrence. Il n'est ainsi pas exclu que si nos intérêts divergent de machines dotées d'une conscience similaire à la nôtre, naisse un conflit destructeur. Le meilleur exemple de ce scénario reste Hal 9000, le grand ordinateur pensant de 2001, l'Odyssée de l'espace adapté d'Arthur C. Clarke en 1968 par Stanley Kubrick. L'autre version fait intervenir des armées de cyborgs ou de robots déferlant pour nous anéantir, après nous avoir servi. Cette vision peu probable provient essentiellement du mythe occidental de la créature artificielle, à la fois transgression des dictats divins et esclave voué à la rébellion contre ses maîtres et créateurs.

— Deuxième scénario : celui d'Éric Drexler, un des fondateurs des nanotechnologies qu'il surnomme le scénario de la glu grise. Des nanorobots détraqués et incontrôlables se multiplient comme des cellules cancéreuses. En quelques jours, ils recouvrent tout de cette glu, qui asphyxie et engloutit le monde.

Ces scénarios ne doivent pas être pris à la légère. Ils doivent bien évidemment guider notre réflexion. Actuellement rien n'indique que les objectifs de l'homme et de la machine puissent un jour différer. Par ailleurs, comme nous l'avons expliqué précédemment, « l'intelligence forte » restera probablement notre domaine.

Nous sommes culturellement et depuis l'antiquité, formatés à craindre Frankenstein, car même si nous le souhaitons, si l'humanité ne cesse de se prendre pour Dieu, elle ne peut s'empêcher de culpabiliser en tripatouillant son héritage.

Mais je ne crois pas beaucoup en ces scénarios. Je préfère me ranger derrière celui Isaac Asimov, qui dans la préface au Cycle des Robots écrivait : « Dans les années 1930, je devins lecteur de science-fiction et je me lassais rapidement de cette histoire inlassablement répétée. Puisque je m'intéressais à la science, je me rebellais contre cette interprétation purement faustienne de la science. Le savoir a ses dangers, sans doute, mais faut-il pour autant fuir la connaissance ?

Sommes-nous prêts à remonter jusqu'à l'anthropoïde ancestral et à renier l'essence même de l'humanité ? La connaissance doit-elle être au contraire utilisée comme une barrière contre le danger qu'elle suscite ? En d'autres termes, Faust doit affronter Méphistophélès, mais il ne doit pas nécessairement être vaincu par lui [6] ».

---

[6]   I. Asimov, Cycle fermé, dans Le Cycle des Robots, Volume 1, titre original I, Robot, J'ai lu, 2012

Le principe de tétanie

Nous vivons une époque où la tétanie côtoie le vertige, où les crispations produisent un langage nouveau, conçu par et pour des technocrates, chevaliers des moulins à vent, qui n'existent que pour verrouiller l'innovation, en se gargarisant du principe de précaution.

La charte de l'environnement du 2 mars 2005, rattachée au préambule de la Constitution de 1958, est un exemple de l'imbécilité de notre temps.

Je cite : « Lorsque la réalisation d'un dommage, bien qu'incertaine en l'état des connaissances scientifiques, pourrait affecter de manière grave et irréversible l'environnement, les autorités publiques veillent par application du principe de précaution et dans leurs domaines d'attribution, à la mise en œuvre de procédures d'évaluation des risques et à l'adoption de mesures provisoires et proportionnées afin de parer à la réalisation du dommage ».

Passons sur le style, qui pourrait faire rire, le fond pose problème. L'humanité ne s'est jamais construite sur ce principe. Christophe Colomb ne serait jamais monté sur un bateau, Charles Lindbergh n'aurait fait que du vélo et Neil Armstrong, des petits pas dans son jardin.

Ces grands hommes n'étaient pas des fous. Et une sage prudence peut servir notre audace sans l'assommer.

Je ne pense pas que cet état d'esprit de quelques sociétés occidentales embourgeoisées et bedonnantes, se gargarisant de compétences « dans la gestion du risque », survivra bien longtemps.

Du moins, je l'espère. J'en appelle à l'esprit de Cyrano !

Chapitre 2

Que conserverons — nous de notre humanité ?

Comment définir l'Homme ?

C'est la première question à se poser. Nous nous reconnaissons, grâce à nos sens et notre enveloppe.

D'une certaine manière qu'on le veuille ou non, notre apparence, notre voix, notre parfum permettent de nous définir de manière à ce que nous soyons reconnaissables par l'entourage, à la fois en tant qu'espèce de mammifère puis, au fur et à mesure que le cercle des connaissances se rétrécit, en tant que « personne » dotée d'une identité propre, que ce soit pour d'autres espèces vivantes — notre animal de compagnie, ou l'espèce humaine.

À quel moment, l'âme — l'humanité sont-elles nées ?

Où se situe notre début et quelle est notre fin ? Qu'est-ce qui nous distingue ? Quelles sont notre place et notre fonction ?

La première évidence est qu'aucune définition ne tient la distance. Ce qu'en pensait le premier chasseur-cueilleur ou le dernier Homme de Neandertal était assurément bien différent des réponses de notre temps.

Qui peut soutenir que ces êtres étaient moins humains que nous ? Leurs préoccupations, leur mode de vie, leurs croyances, leurs apprentissages, leurs rapports sociaux étaient radicalement différents des nôtres. Leur humanité, comme la nôtre devait leur sembler ancrée dans leur temps.

Bien entendu, rien n'est immuable, car qui connait la mort ou une catastrophe naturelle sait que tout peut changer. Mais quelle que soit son époque, l'homme est persuadé d'être dans le vrai et confond volontiers le fait d'être en bout de chaine et au sommet de la pyramide.

Ainsi il y a fort à parier que dans 30 000 ans, nos descendants porteront un regard sur nous aussi critique que celui que nous portons sur nos ancêtres bien plus poilus.

La question de notre humanité fera pour eux assurément débat.

Pourtant il convient d'être indulgent à l'égard de nous même. L'humanité a disposé de moins d'un siècle, pour s'habituer à la théorie de l'évolution.

Souvenez-vous que Darwin se garda bien d'appliquer à l'homme sa théorie et que les lois de l'hérédité de Gregor Mendel ne furent déterrées qu'au début du siècle dernier. Mais c'est surtout en 1937 que le généticien Theodosius Dobzhansky, professeur au département de zoologie à l'université de Columbia, reliait les données parallèles issues de la génétique naissante, des découvertes de Darwin et de toutes les disciplines s'intéressant à l'évolution à travers son travail intitulé « La Génétique et l'origine des espèces ».

À peine 80 ans, moins d'une vie, pour que l'humanité se fasse à l'idée que son espèce est comme tout ce qui l'entoure, ballotée dans un mouvement permanent de transformation, un nomadisme évolutif.

Ceci est notre Histoire. Et nous tous, aujourd'hui, ne sommes qu'un barreau sur l'échelle de notre évolution. C'est indéniablement difficile à accepter, et vertigineux.

Ainsi notre peur d'une « déshumanisation », d'une perte de notre héritage, ne doit pas nous conduire à l'immobilisme.

Au contraire, « courage, fuyons intelligemment » est sans aucun doute la devise de l'homme. Car c'est avec un courage rapide et raisonné, que cet être en mouvement perpétuel fuit la famine, la maladie, le froid, la solitude, l'incompréhension du monde qui l'entoure, le fanatisme et plus généralement son malheur !

C'est cette prise de conscience et cet intérêt incessants pour le monde qui l'entoure qui le définissent.

Tenter de définir l'homme autrement est vain. Tout a été dit à son sujet et rien ne résiste au temps : parfois né du hasard, d'un côté, d'une volonté divine, souvent supérieurement intelligent et dangereux, il est à la fois une âme éternelle et un assemblage circonstanciel d'atomes, petit Dieu ou faible probabilité, coupable originel ou innocent abandonné.

De tous les vivants, il serait le seul à se demander qui il est et pourquoi il est là.

Si cela nous semble essentiel, il convient d'être prudent. Dans cette affaire, nous sommes juges et parti, ce qui est un énorme biais de sélection, dans notre définition de l'être supérieur. Il est possible que le virus Ebola ait un avis différent sur le sujet.

La question n'est pas de savoir s'il faut transformer l'homme, le refaire, le protéger, le dépasser et l'oublier, ou pire encore, de savoir si cela est bien ou mal. Aucune décision, aucune loi éthique, aucune religion, aucune censure ne résisteront au temps et à la pression non sociale, mais sociétale.

Il s'agit plus de faire un « retour vers le futur » pour tenter d'imaginer ce que nous devons faire aujourd'hui pour l'aider à survivre.

Sans mort, pas d'Homme ?

Il est un paradoxe intéressant. Il arrive que les plus farouches opposants à un transhumanisme qui promet l'immortalité soient eux même des croyants attachés à la notion d'immortalité, voire de résurrection de la chair... Devenue immortelle.

La plupart de philosophes de notre temps voient également dans l'immortalité appelée des vœux du transhumanisme, les signes d'une lassitude, d'une dépression de notre temps voir même une certaine haine de la vie, telle que nous la connaissons. Cette volonté d'immortalité engendrerait la mort du désir, qui à l'inverse suppose le temps, l'incomplétude ou la séparation.

Jean-Michel Besnier résume très bien cette pensée : « Détester la mort équivaut bel et bien à détester la vie, ce que sera parvenu à suggérer le dernier homme nietzschéen, réfractaire pêle-mêle au hasard, l'imprévisible, à l'intensité et au risque. On l'aura compris : les technologies qui pourraient réinventer l'homme lui-même n'ont d'autre ambition que de transformer la vie en projet, ignorant sans doute que seule la mort peut le permettre en mettant un terme "au jeu des possibles" et en figeant la trajectoire du vivant en un irrémédiable destin [7]».

C'est une vision pessimiste et étroite de ce qui fait notre humanité. Combien d'entre vous ne souhaiteraient pas voir une autre année fleurir les roses ? Finirait-on réellement par se lasser de la vie, si sa qualité était préservée ? Ne serait-ce pas plutôt la mort de ceux qu'on aime, la maladie, la fatigue du temps qui passe qui inexorablement nous conduit à capituler ?

Par ailleurs, redouter le terrain que gagne la vie sur la mort est aussi inutile que de regretter le soleil quand il se couche. Cette réalité sera inéluctable.

Comme je l'ai expliqué auparavant, l'immortalité ne sera pas un choix, mais une conséquence sociétale qui s'imposera d'elle même, lentement. Il n'y aura pas un matin, où subitement, l'homme choisira de vivre éternellement, de la même manière que nous n'avons pas eu à nous prononcer par referendum sur cette question : « Êtes vous

---

[7]   Jean-Michel Besnier. Cités 2013 n°55

pour ou contre l'allongement de l'espérance de vie en France de 48 à 79 ans en un siècle ? ». C'est pourtant précisément ce qu'il s'est passé. L'octogénaire qui prend plaisir à contempler les trois générations de sa descendance éprouve-t-il réellement de la haine pour la vie ?

Ainsi, au quotidien et progressivement nous acceptons des traitements devenus anodins, comme les stimulateurs cardiaques, les implants auditifs, les membres artificiels ou même les lentilles de contact, autant de technologies qui nous servent sans nous asservir, qui nous rendent une part de liberté dont certains d'entre nous sont privés. Qui oserait s'indigner de leur utilisation ? Ce sont pourtant des prothèses technologiques largement employées, qui pour autant ne soulèvent pas de débats éthiques ou de protestations véhémentes.

L'immortalité sera la conséquence des progrès scientifiques que la pression évolutive et adaptative nous aura obligés à découvrir pour assurer notre survie.

Assurément, l'Homme tel que nous le connaissons ne survivra pas aux bouleversements comportementaux — et philosophiques — liés à ce que certains, comme Laurent Alexandre, appellent « la mort de la mort [8]». Mais cette dernière donnera naissance à une nouvelle humanité, dont l'imaginaire nous est pour l'heure aussi imperceptible que ce qui se cache derrière le mur de Planck, instant où justement le temps réel est mélangé au temps imaginaire : le passé, le présent, et le futur formant le seul et même temps, fixe.

Il est aussi impossible de saisir ce que sera cette humanité que d'imaginer le monde avant le Big Bang quand les règles de l'univers n'étaient pas les mêmes.

---

[8]   L. Alexandre, La mort de la Mort, JCLattès, 2011

Sans filiation, pas d'Homme ?

D'où vient le désir d'enfant ?

Lire ce qu'en disent les psychanalystes m'a toujours semblé particulièrement effrayant, car ils racontent une histoire qui ne parle que du « moi » et jamais de « l'autre ».

Pour eux, s'il existe un projet conscient d'un enfant, s'intégrant dans un plan de vie lié aux idéaux sociaux, culturels et familiaux, il est infiltré de significations et de désirs inconscients.

Freud considère le désir d'enfant chez la femme, comme un souhait passif relayant le désir actif que représente l'envie du pénis, c'est-à-dire le désir d'obtenir du père le pénis que la mère n'a pu lui donner, sous-entendant que le désir incestueux interviendrait dans toute grossesse.

Pour Monique Bydlowsky neuropsychiatre et neuropsychologue, ce désir s'inscrit dans un registre à la fois narcissique et œdipien. Même l'absence d'enfantement renvoie au « moi » : la conception évitée afin de ne pas mourir soi-même en donnant vie à un enfant qui prendrait sa propre place, tout comme la conception à l'occasion d'un deuil sont deux aspects d'une même problématique narcissique.

Linda Applegarth, professeure de psychologie, fait le lien entre ces deux conceptions en tenant compte de diverses composantes du désir d'enfant, soit la satisfaction des pulsions libidinales génitales, soit la satisfaction narcissique d'avoir une réplique de soi…

Ainsi la transmission de la vie échapperait complètement ou partiellement à ceux qui la transmettent.

Si le lien entre « Amour » et « filiation » n'apparait pas dans ces lignes, on y trouve en revanche clairement le terreau de l'eugénisme ambiant qu'il soit d'ailleurs passif ou actif, notamment grâce au diagnostic prénatal et préimplantatoire et à l'établissement possible d'autres critères que les pathologies monogénétiques ou chromosomiques particulièrement graves et actuellement incurables, pour décider ou non de la poursuite du processus de création de la vie.

En effet, quoi de mieux pour coller à la vision narcissique de l'enfant, que de le fabriquer, peu à peu à son image, en éliminant tout ce qui pourrait déformer le miroir ?

On peut ainsi imaginer une analyse génétique générale et des critères de choix, non plus imposés par un régime dictatorial, mais acceptés et organisés par les sociétés démocratiques.

On peut d'ores et déjà identifier, au stade embryonnaire, une éventuelle « prédisposition » à certains cancers et rien n'indique que cela s'arrêtera là : diabète, risque cardio-vasculaire, alzheimer...

Comment s'opposer au dépistage des affections génétiques graves et à la réduction des risques pour des couples fertiles, mais exposés au risque de transmission ?

Combien de temps la société résistera-t-elle à la thérapie génique via le clonage thérapeutique, transformant ainsi le concept de médicament ou encore à l'utilisation des cellules souches adultes et embryonnaires dans la médecine régénératrice ? Sera-t-il éthique, de refuser ces techniques à un enfant grand brûlé, quand elle sera techniquement possible ?

Le philosophe allemand Peter Sloterdijk, lors d'une conférence qui en 1999 fit grand débat [9], posa les questions dont les réponses restent à mon sens encore floues et incontournables : « Savoir si le développement va conduire à une réforme génétique de l'espèce ; si l'anthropotechnologie du futur ira jusqu'à une planification explicite des caractères génétiques ; si l'humanité dans son entier sera capable de passer du fatalisme de la naissance à la naissance choisie et à la sélection prénatale ».

Ne nous méprenons pas, cet eugénisme ne vient pas du transhumanisme ou d'une technologie à venir. Il est déjà là.

Il vient aussi de Narcisse et de notre désir inconscient et contestable d'enfant.

Mais si on retire la question de l'éternité, de se survivre à soi-même, que reste-t-il de notre désir d'enfant ?

Autrement dit, si nous ne mourrions plus, pour quelle raison voudrions-nous enfanter ?

Ne peut-on imaginer qu'enfin et peut être pour la première fois, ne subsiste réellement que l'essentiel ? Une rencontre entre deux êtres qui veulent donner naissance à une nouvelle éternité, une rencontre

---

[9]   Peter Sloterdijk, *Règles pour le parc humain. Une lettre en réponse à la Lettre sur l'Humanisme de Heidegger* (Die Zeit, 1999), tard. fr. Olivier Manzoni, Mille et une nuits, 2000

particulière d'atomes, dont le lien intense viendrait de l'amour de l'autre et non de soi-même ?

Est-ce que ceci ne viendrait finalement pas révolutionner l'humanité en soustrayant Narcisse et la Nécessité ?

Resterait la question du comment. En s'affranchissant de notre biologie actuelle, comment construire un nouvel être, fruit d'une rencontre de deux post-humains ? Comment garder et modéliser le processus, lié à un certain hasard, de création de la vie ?

Imaginons seulement un système qui permet de garder tout, sauf l'erreur génétique, la mutation fatale, la prédisposition aux maladies les plus graves. Certains s'insurgent : « Ce risque est tellement nécessaire pour préserver l'humanité ! »

Je leur répondrais : « Ne vous gênez pas ! »

Cette question de la filiation est bien trop complexe pour être abordée dans cet ouvrage en quelques lignes.

Je ne suis pas de ceux qui rêvent de la perfection comme une finalité, ou un modèle de société. Je ne souhaiterais pas que la filiation de l'homme se choisisse sur catalogue.

L'humanité s'est construite par l'imperfection et le hasard.

Mais il est évident qu'elle fait tout — et depuis toujours — pour s'en affranchir.

C'est le fantasme qu'elle poursuit depuis qu'elle est « consciente » et s'épanouit sur un terreau fait de plaisirs et de souffrances.

L'un ne va pas sans l'autre. Supprimez l'un et l'humanité se fragilise et disparait. L'enfer peut aussi bien être un monde de plaisir éternel, qu'une infinie souffrance.

Mais de dire que le modèle de filiation que notre inconscient produit, en grande partie en raison de la mort, soit à préserver à tout prix me semble une erreur.

C'est cette pensée, qui conduit à l'eugénisme.

Chapitre 3

La Grande Transition

Alors voilà, nous y sommes.

Le moment où il faut imaginer ce que l'homme deviendra s'il veut survivre.

Devra-t-il nécessairement abandonner sa condition de chair et de sang, sa signature biologique ?

La vraie question est : quel sera le vecteur de l'humanité le plus apte à faire face à la nécessité d'une adaptation rapide, compatible avec un modèle de civilisation de type 2 et 3, capable de voyager aux confins de l'espace à coloniser et d'assurer la conservation de l'espèce ?

Nous avons vu qu'il n'existe pas de réelle frontière entre l'inerte et le vivant. Il existe en revanche des assemblages, des degrés d'organisation plus au moins complexes qui caractérisent le monde qui nous entoure et confère à chaque chose des caractéristiques propres.

Ainsi nous sommes moins résistants qu'une pierre, nous ne pouvons pas vivre sous l'eau sans respirer — ce que peuvent faire les poissons — et nous ne pouvons voler comme les oiseaux. En revanche, nous avons la station verticale, la préhension, parfois l'intelligence et le rire.

Laissons encore de côté la question de l'immortalité qui ne sera en fait qu'une conséquence — non négligeable certes ! — de notre affranchissement du biologique, pour se concentrer sur l'essentiel, la continuité.

D'emblée, soyons clairs : il ne pourra jamais être question de la machine à la place de l'homme.

La question ne se posera jamais en ces termes, pas plus qu'Homo Erectus ne s'est dit « je vais me faire remplacer par Homo Habilis, si je ne fais pas attention ».

La transformation de l'humanité prendra le temps qui lui sera nécessaire pour l'accepter.

Chaque opposant à un progrès finit par mourir, chaque loi par être violée si elle a pour but d'encadrer une avancée au seul argument qu'elle n'est pas entièrement maitrisée.

Elle ne peut jamais l'être si le temps ne l'a pas éprouvée. En pharmacologie, cela s'appelle la phase IV, celle qui permet après la mise sur le marché d'un médicament d'en approfondir la connaissance dans des conditions réelles d'utilisation et d'évaluer à grande échelle sa tolérance.

Mais ce processus de transformation de l'homme en machine, dont l'homme augmenté n'est que la première étape bon marché, ne se fera pas si doucement, car il faut à peine trois générations pour que l'homme trouve le temps long.

J'irais même plus loin, il est probable qu'au nom de ces progrès aujourd'hui parfois tant redoutés, la bioéthique et un certain nombre de valeurs soit remaniées de façon brutale.

Jean-Michel Besnier, professeur de philosophie à l'Université de Paris Sorbonne, n'est précisément pas tendre avec les transhumanistes dans son livre « Demain, les post-humains [10] ».

Il n'en demeure pas moins objectif sur les questionnements liés à une humanité en mutation : « Le propre des valeurs est certes de résister au réel et de prétendre l'infléchir dans le sens du désirable. Mais il faut se prémunir contre l'angélisme qui risque toujours de résulter d'un attachement à des valeurs prétendument éternelles. L'évolution imprévisible des technosciences menace de faire advenir une réalité parfaitement inédite, qui interdira de se réfugier dans l'abstraction souvent induite par une vision morale du monde ».

---

[10]   Jean-Michel Besnier, Demain les posthumains, Pluriel, 2012

Le choix transitoire de la chair

Rien de plus naturel que le choix de la chair, quand siècle après siècle, l'homme a comme nous l'avons expliqué, investit son corps au point d'en perdre son âme en chemin.

Ce choix, c'est celui que nous vivons actuellement. Google a avancé l'objectif d'augmenter l'espérance de vie de 10 à 20 ans d'ici 2035. C'est un défi très ambitieux, mais pas inenvisageable avec les moyens importants et les stratégies agressives mises en place par la firme. Si Google réussit, cela voudrait dire qu'en 20 ans, l'homme ne serait pas plus proche de sa mort qu'aujourd'hui…

S'il juge possible que la pression de l'environnement lui permette un jour de modifier tel ou tel petit défaut, s'il admet l'utilité d'artifices, de prothèses, d'implants, pour aboutir à un être 2.0, il ne peut envisager sa disparition, une autre évolution que sa propre transformation.

Pour être clair, il nous est inconcevable que l'avenir de l'homme ne passe par lui, c'est à dire avant tout son corps.

Rappelons que ceci n'est pas dénué de sens. L'Esprit humain a éminemment besoin de son interface corporelle pour évoluer et interagir avec son environnement.

Le rêve ou le cauchemar transhumaniste de Singularité, de dématérialisation complète du corps et de l'esprit au profit d'un environnement sensitif virtuel est, je le répète, peu probable.

L'homme ne peut rêver que parce qu'il existe une réalité, dont il est possible de s'extraire.

Mais s'il est prêt à tout pour défendre ce corps devenu si précieux : épuiser les ressources naturelles pour se chauffer, se déplacer, se nourrir, investir des milliards pour le protéger de l'inéluctable, l'homme est tout sauf suicidaire.

Un grand nombre des maladies du vivant sont liées à des erreurs de transcriptions, des mutations : cancers, maladies de surcharge, maladies dégénératives. Aussi admirable que soit la machinerie cellulaire qui a accompagné l'évolution du vivant, force est de constater que ce système est bien loin d'être parfait.

Il utilisera tous les moyens possibles pour se réparer, s'augmenter et se protéger de l'environnement tout en le respectant. Cette interdépendance le conduira à des renoncements et des améliorations. On dépensera moins d'énergie fossile à la seule condition qu'une autre source d'énergie — solaire ou non — prenne efficacement le relai.

Mais le choix du vivant « ne vend pas que du rêve ». Il possède un large côté obscur, lié à ses carences, révélées par le progrès.

En 2003, Hervé Chneiweiss et Jean-Yves Nau écrivaient « Bioéthique, avis de tempêtes [11]».

L'Humain est en plein orage, au beau milieu d'un océan de connaissances déchainées. Ses réponses, sa bioéthique mouvante et éphémère sur tous les sujets, laissent à penser qu'il n'y a pas de capitaine à bord. Pas de pilote et pas de cap.

Séquençage du génome, fécondation in vitro, fécondation à partir de spermatozoïdes ou d'ovocytes congelés, diagnostic préimplantatoire ou diagnostic prénatal, dons de gamètes, gestation pour autrui, thérapies géniques ou cellulaires, manipulations génétiques à but reproductif…

Pas un domaine, qui ne soit épargné par la souffrance et le questionnement ; pas un sujet, qui ne donne envie de passer à autre chose, d'être ambitieux et d'oser aller plus loin.

Prenons l'exemple du diagnostic préimplantatoire ou prénatal. C'est un eugénisme qui ne dit pas son nom. La trisomie 21 disparait d'Europe. Dans 96 % des cas, lorsque la trisomie est détectée pendant la grossesse, les parents décident d'avorter.

Là encore se pose l'épineuse question d'un choix qui n'en est pas un. Chaque semaine des comités se réunissent pour proposer, en fonction des connaissances acquises sur les pathologies et des éventuelles possibilités de réparation ou de survie, un avis d'interruption ou de poursuite de grossesse.

Un tri douloureux est ainsi fait, car nous avons la capacité du diagnostic sans avoir nécessairement celle de réparer. Quelle limite la société se donne, sur le plan médical, entre les « défauts » génétiques tolérables et ceux qui ne le sont pas ?

Et ce n'est pas tout.

Actuellement, le parcours de fécondation in vitro est long, difficile et douloureux, avec seulement 15 à 20 % des embryons conçus qui parviennent à s'implanter. La FIV-ICSI, c'est-à-dire avec micro-

---

[11]   H. Chneiweiss, J-Y Nau, Bioéthique, avis de tempêtes, ALVIK éd., 2003

injection d'un spermatozoïde peu mobile dans l'ovule est en train de bouleverser ces résultats. Mais là encore, il faut trier. Des marqueurs biologiques pourraient permettre de définir les embryons les mieux à même de réussir à s'implanter.

Imaginez-vous l'homme se priver de possibilités de réparations, d'améliorations quand elles se présenteront ? Penser que nous aurons le choix est une illusion d'aveugle.

Où nous mène actuellement le choix de la chair ?

Est-ce que le « bébé du double espoir », appelé encore « bébé médicament », parfois conçu ou sélectionné en grande partie pour soigner un frère ou une sœur ainée malade, est une solution acceptable, définitive et « humaine » ?

De même pour le clonage dit thérapeutique, dont l'objectif est d'obtenir un embryon « esclave » dans le but d'en extraire des cellules embryonnaires susceptibles d'apporter un traitement thérapeutique au donneur initial du noyau de la cellule ?

Le don de gamètes — outre sa marchandisation potentielle et la question de l'anonymat — est-il réellement la seule solution à envisager pour un couple touché par l'infertilité, quand on devient capable d'induire des cellules pluripotentes [12]?

Celles-ci pourraient permettre de recréer spermatozoïdes et ovocytes à partir de cellules de la peau !

La gestation pour autrui, avec la marchandisation de la femme qui pénalise les plus pauvres, défend-elle le droit fondamental d'un corps humain inaliénable ? Que dire de cet enfant devenu avant même d'exister « un objet de transaction » ?

Ou pire, le don d'utérus, d'une mère à sa fille ? La première a été réalisée fin 2012 en Suède [13].

Pour Bernard Fontaine, directeur de recherche au CNRS [14] : « La greffe d'utérus n'en est qu'à ses balbutiements, mais cette "première", permise par les progrès de la médecine, est porteuse d'espoir pour toutes les femmes qui, pour des raisons congénitales

[12] « Cellules souches pluripotentes induites (iPS) », Questions – Science 11/04/2009, http://www.questions-science.com/index.php ?title=Cellules_souches_pluripotentes_induites_(iPS)
[13] J. Chaput, « Première mondiale : deux greffes d'utérus de la mère à la fille », Futura-Santé, 20/09/2012
[14] B. Fontaine, Biotechnologies : Quelles Limites ?, L'Harmattan, 2013

ou médicales, vivent sans utérus et souhaitent avoir un enfant. C'est, à mon avis, une solution beaucoup plus satisfaisante sur le plan éthique que la solution de l'utérus artificiel, bien que ce type de greffe ne lève pas tous les problèmes d'éthique ».

Allons bon… L'ectogenèse, c'est-à-dire l'usage d'un utérus artificiel serait-elle réellement moins « éthique » que ce fatras de manipulations qui ne cessent de nous questionner sur « notre » humanité ?

Celle-ci n'a pas fini de se débattre, le politique avec la société, les scientifiques entre eux et les religions avec tout le monde… Et qui peut réellement leur en vouloir ?

Cette humanité ne sait où nager, sa tête ne voyant rien au-dessus des vagues qui déferlent avec la régularité du progrès…

Très progressivement, nous laisserons, transitoirement, le numérique, la mécanique, la robotique, la synthèse biologique venir au secours du vivant.

Je ne regrette ni la variole ni la peste. Je me réjouis qu'un jour l'hépatite C disparaisse.

Et s'il nous était donné les moyens de réparer la mucoviscidose, la maladie de Huntington, l'hémophilie ou les myopathies, je ne pleurerais pas sur leur sort.

Si réparer le vivant ou prévenir ses erreurs passait par un autre type de vivant, fruit de nos recherches et de notre humanité, il ne me semblerait pas illogique d'étudier sérieusement cette option.

Progressivement et de manière imperceptible, nous accepterons que la frontière entre inerte et vivant s'estompe et disparaisse, quoi qu'on en dise, au bénéfice de l'humanité.

Progressivement, tout bascule

Voyons déjà où nous en sommes presque et tentons d'imaginer ce que nous pourrions accepter.

Imaginez perdre un bras, et vous retrouver dans la même situation que Luc Skywalker à la fin de « l'Empire contre-attaque ».

On vous offre un nouveau bras, doué des mêmes capacités, voire même avec une plus grande force, une meilleure préhension, une longévité à l'effort accrue, et la même sensibilité. Ce bras serait réparable et évolutif en fonction des avancées technologiques. Ceci surviendrait à une époque où nous aurions accepté l'idée que l'inerte n'est que du vivant qui s'ignore. Ce bras serait donc bel et bien « votre bras ». Refuseriez-vous ? Non ? Vous pourriez pourtant déjà être considéré étant doté d'un artefact mécatronique, comme un « cyborg ».

Ce terme est à l'origine une contraction de l'anglais « cybernetic organism » (organisme cybernétique).

Le premier mot fait explicitement référence au courant de recherche formalisé par Norbert Wiener en 1948, visant à établir une théorie des systèmes artificiels et naturels [15].

Le second, quant à lui, laisse penser qu'il s'agit d'une créature organique, c'est-à-dire constituée au moins en partie de chair et d'organes vivants. Le terme « cyborg » a été proposé au départ par Manfred E. Clynes et Nathan S. Kli en 1960 à propos d'un « humain amélioré » capable de survivre aux conditions difficiles de la conquête spatiale et de l'adaptation aux environnements extraterrestres [16].

Petit à petit, la science-fiction aidant, la définition du cyborg s'est transformée en une véritable hybridation de l'homme et de la machine.

On peut cependant en définir de deux types.

Le premier, dont le T800 du film Terminator en est l'exemple, est le « cyborg machine » basé sur une structure artificielle à laquelle sont ajoutées des parties provenant d'un organisme vivant.

---

[15] N. Wiener, Cybernetics, Control and Communication in the Animal and the Machine, Cambridge : MIT Press, 1948
[16] Astraunautics, September 1960, p. 26-27, p. 74-76

Le second, le « cyborg humain » est à l'inverse basé sur un corps organique auquel sont adjointes des prothèses technologiques, l'exemple type étant « RoboCop ». Il est facile de voir que la frontière entre l'homme réparé et le cyborg est mince, car l'acceptation sociétale des avancées se fait progressivement, que le remodelage du corps est comme nous l'avons vu déjà bien inscrit dans notre temps, des crèmes antirides au changement de sexe, et qu'il n'y a jamais eu autant de superhéros, érigés en sauveurs d'une humanité fragile que ces dix dernières années.

Nous avons par ailleurs déjà accepté de fusionner avec la machine pour lui déléguer un ensemble de tâches où elle se trouve plus douée que nous.

Le problème de laisser nos téléphones gérer la mémorisation des numéros, de nos écrits devenus électroniques, de nos calendriers, de nos lettres d'amour « SMSisées », tient moins dans la culpabilité liée à la dépendance qu'à la peur de tout perdre en égarant la machine !

Mais si la sauvegarde et les données sont dans le cloud et que la probabilité de perdre ces informations devient plus faible que notre chance de gagner au loto ou de mourir seul sur Pluton ? Le pouvoir délégué est-il si différent que de confier nos yeux à des lunettes ?

Il y a cependant une limite à cela. Si les différents objets qui servent à nous rapprocher de monde (téléphone, lentilles, vêtements et montres connectées, etc.), ou à nous réparer (prothèses, exosquelette) ne cesseront de nous accompagner, il est peu probable, que l'hybridation aille jusqu'à des opérations visant à nous implanter des puces, à triturer la chair pour y greffer la machine.

La rapide évolution des améliorations ne nous ferait pas accepter l'intervention pour l'ajout d'un artefact déjà bientôt obsolète et qu'il faudrait remplacer au prix d'une nouvelle intervention.

L'homme augmenté le restera jusqu'à ce que la promesse d'un nouveau corps, comme dans « Avatar », soit possible, modifiable et sans douleur.

Comme dans ce film, il est probable qu'un temps d'adaptation, de coexistence se produise. Notre « double biomécanique » nous ajoutera un don d'ubiquité physique à notre ubiquité virtuelle, décuplant ainsi notre potentiel d'action en nous permettant par exemple d'être présents physiquement dans un autre lieu avec des capacités augmentées.

Le « backup » du cerveau dans le « cloud » avant son transfert dans une nouvelle enveloppe deviendra l'avant-dernière étape d'une évidente et incontestable survie.

Nous n'y verrons aucun mal, car ce « nous » virtuel, ne nous fera pas mourir.

Nous stockerons cette sauvegarde probablement à la fois sur un disque dur et sur le « cloud » — on ne sait jamais — et Time Machine fera des mises à jour quotidiennes de cette sauvegarde, en détectant erreurs et incohérences.

Cette sauvegarde intelligente corrigera les erreurs liées à une dégénérescence ou une perte neuronale, car il ne faudrait pas sauvegarder notre Alzheimer débutant !

Elle ne s'incrémentera que de nouveaux réseaux de souvenirs, de raisonnements ou de rêves.

Ceci correspondra à un moment où nous aurons bien intégré que la seule différence entre l'inerte et le vivant tient dans le niveau d'organisation de ce dernier. Et c'est également à ce moment que nous serons parfaitement capables de le recréer. D'abord avec un animal de compagnie, puis un nouvel être, une nouvelle enveloppe, un « avatar », « un hubot ».

Puis, nous accepterons le moment venu d'abandonner un corps réparé, vieillissant, qui avec ses nombreuses valves, prothèses et opérations, sera devenu aussi usé qu'une vieille voiture.

Par ailleurs, nous y viendrons également, car les prochaines décennies verront le virtuel envahir tellement nos vies que la décision de l'abandon du corps, quand il ne pourra en être autrement, ne sera pas une souffrance morale.

Poussés dans le dos par le monde qui nous entoure

Comme je l'ai expliqué précédemment, cette évolution s'imposera, car l'homme n'aura pas le choix. Épuisement des ressources, entropie, choc démographique sont les grands challenges de notre futur immédiat…
C'est bien la pression d'un environnement défavorable à l'expansion et à la survie de l'humanité telle que nous la connaissons, qui poussera l'homme dans le sens d'une évolution radicale.

En s'affranchissant du biologique, l'homme de facto augmente considérablement son terrain de jeux.
L'espace n'est plus un obstacle, pas plus que l'environnement de nombre de planètes. Le temps n'est plus une barrière insurmontable et tous les voyages deviennent possibles.
Un nouveau grand chapitre s'ouvre alors pour l'aventure humaine.

L'étude « Alien Minds » menée par Susan Schneider, professeur de philosophie de l'Université du Connecticut, qui devrait être publiée prochainement par la Nasa, rejoint les thèses de l'astronome Seth Shostak, directeur du Seti (Search for Extraterrestrial Intelligence) et de l'astrobiologiste de la Nasa Paul Davies, ou encore du responsable de l'astrobiologie de la Library of Congress, Stephen Dick.
Tous considèrent en effet que l'intelligence dominante dans le cosmos est probablement artificielle. Comme l'explique Susan Schneider : « Beaucoup de gens voient les aliens comme des icônes. Ils les imaginent comme des créatures biologiques, mais cela n'a pas de sens dans l'échelle du temps ». Seth Shostak va plus loin encore et affirme « avoir parié avec des dizaines d'astronomes que si nous recevons un signal extraterrestre, ce sera d'une vie artificielle… À partir du moment où une civilisation invente les ondes radio, elle est à 50 ans des ordinateurs et probablement ensuite à 50 ou 100 ans de l'intelligence artificielle. À ce moment-là, les cerveaux mous et spongieux deviennent un modèle obsolète ».
Susan Schneider pense d'ailleurs que la civilisation humaine est proche de l'étape grâce à laquelle elle va « améliorer » sa propre

biologie et s'en affranchir. Pour elle, l'Homme ne va pas simplement améliorer son cerveau grâce à la robotique, mais deviendra progressivement totalement synthétique…

Garder notre bonne vieille biologie qui nous cloue au sol, quand à peine 200 ans d'évolution nous séparent probablement de la création d'un modèle équivalent, résistant, paré à explorer le cosmos, serait aussi dérisoire que prétendre découvrir les fonds marins avec un masque et un tuba, alors que tout le matériel nécessaire est à disposition sur la plage.

Rien ne résistera au changement. Comme pour tout ce que nous avons connu, l'évolution sera progressive. Elle a le temps pour elle. Les réfractaires et les esprits chagrins finissent toujours par disparaitre. On ne saute pas du Moyen-âge au Siècle des lumières, sans passer par la Renaissance.

Je ne suis donc pas de ceux qui pensent que 2045 soit l'année du grand bouleversement. Cet objectif est celui des transhumanistes qui craignent d'être dans les derniers wagons d'hommes mortels.

C'est probablement une grande injustice, mais il faudra probablement encore cinq à six générations pour que ce grand basculement se produise.

C'est le temps nécessaire pour que l'environnement nous fasse réaliser que nous n'aurons pas d'alternative et que l'expérimentation quotidienne et intense du virtuel, transforme ce choix en une volonté partagée par le plus grand nombre.

Un moule à gâteau

Le cerveau seul n'existe pas. Aussi imparfait que le corps humain puisse être, aucun développement du cerveau n'aurait pu se faire sans interface, sans enveloppe, sans vecteur, sans transporteur d'humanité.

L'une des grandes erreurs du vertige technologique est de nous faire croire que nous pourrions devenir suffisamment surpuissants pour nous isoler des autres et plus généralement du monde qui nous entoure.

En cela, certains transhumanistes qui parient sur l'abandon du corps pour une dématérialisation complète de l'être font nécessairement fausse route.

Nous sommes des individus sociaux. Il n'existe pour l'heure aucun être humain qui ne soit né du ventre d'une mère, façonné par une interaction de plusieurs mois.

Par ailleurs, le regard des autres est essentiel. Un des signes faisant suspecter l'autisme d'un enfant, étant d'ailleurs une déconnexion du monde et des regards qui l'entourent.

Il est nécessaire que cette conscience « artificielle », précédemment décrite, puisse continuer à interagir avec le monde, à ressentir et à s'enrichir de l'expérience, par l'intermédiaire de capteurs sensoriels en tout genre.

Il faut donc imaginer enfin, une enveloppe à notre image, avec un matériau synthétique mimant la peau, mais peut-être avec des propriétés supérieures, comme la résistance au feu ou à certaines sensations à la demande (je veux ou non « ressentir » le froid, le vent, etc.).

Nous serions alors un Hubot, mélangeant Humain avec le fruit de nos meilleures inventions technologiques, vecteur de notre humanité, protégée, améliorée.

Nous serions ce qu'il est courant d'appeler un androïde, comme le personnage de Ash du film Alien de Ridley Scott en 1979.

Bien entendu, il y a du chemin entre l'adjonction d'un stimulateur cardiaque, d'un implant auditif, d'un membre artificiel ou de lentilles de contact et un androïde.

Mais la finalité est la même et l'écart philosophique n'est pas si grand. Il tient dans ce que le cerveau nous est encore inconnu et s'effacera avec la connaissance.

Au total, investir la machine sera pour l'homme le moment où il réinvestira son âme, en la plaçant précisément au-dessus du corps, qui ne redeviendrait qu'une nécessité et non un but.

Quand nous pensons aux machines nous les imaginons nécessairement comme des collègues, des compagnons, des amants, mais bien plus souvent des ennemis.
Mais quel serait notre regard si nous les considérions avant tout comme nos enfants, le prolongement moléculaire de notre évolution ?

La bonne fée et sa baguette

Nous commentons l'erreur de sans cesse sacraliser le vivant, au point de le sanctuariser, pour ne pas dire l'emprisonner. Ceci n'est pas le cas de toutes les sociétés. Comme nous l'avons vu, certaines civilisations ou croyances, comme le shintoïsme, placent en quelque sorte le sacré au niveau atomique en admettant qu'un simple caillou puisse avoir un esprit.

Réconcilier inerte et vivant est à notre portée.
Est-ce une hérésie de vouloir s'affranchir du gène ? On admire ce dernier pour la complexité du codage et la cellule pour sa machinerie de décodage. Mais au fond, qu'est-ce qui nous empêche de faire encore mieux ? D'amener la vie, là où elle n'existe pas ? D'organiser l'inerte ?
S'affranchir du gène — nécessairement imparfait, balloté au grès des mutations, d'un hasard qui n'est ni bienveillant ni foncièrement mauvais, sans être un objectif en soi, s'imposera.
La compréhension du vivant nous donnera jour après jour la capacité d'aller encore plus loin dans la création. Mais faudra-t-il à tout prix soutenir le gène, le réparer, l'entretenir, le modifier, quand « la génomique quantique » aura prouvé ses capacités à transmettre et organiser le vivant d'une façon plus adaptée pour nous préparer à l'univers ?

Dans notre rapport à ce nouvel humain, une phase de transition est à prévoir. Il faudra apprendre à s'apprivoiser, comme l'ont fait le renard et le Petit Prince. Puis, arrivera cette magie, ce coup de baguette qui nous fera voir l'inerte comme un être nouveau et non comme un objet : l'Amour.
Arriverions-nous à aimer une machine consciente, conçue à notre image et par un regard émerveillé, lui donner Vie ?
N'est-ce pas l'Amour de Gepetto et son rêve d'humanité qui donna Vie à son petit garçon ?

Au-delà du choix, un challenge

La voie est tracée. Mais bien évidemment rien ne se passera comme prévu. L'homme a horreur qu'on lui dicte son avenir. Cependant, l'aventure est assez romantique pour être humaine.
Sur ce chemin singulier, les obstacles ne manqueront pas.
Le risque d'une humanité fragmentée est bien réel. Le fossé technologique qui se creusera inévitablement entre les prés et les post-humains pourrait s'apparenter à une véritable division d'espèces intelligentes sur notre planète. Cela soulève la possibilité de voir surgir une société de dominants et dominés, de maîtres et d'esclaves, où la richesse serait plus que jamais le ticket fondamental pour accéder à l'ascenseur social.
La possibilité d'une « fracture de l'esprit » est bien réelle.
Nous finirons par pouvoir modéliser le cerveau, transférer notre conscience dans un amas organique à base de silicium. Cette compréhension atteint un degré de complexité inédit, mais n'oublions pas que la science-fiction est une réalité en attente.

Cependant, comme l'exprime Hervé Chneiweiss, le projet « Human Brain Project » et plus généralement la modélisation du cerveau humain seront une arme à double tranchant : « Elle permettra de mieux comprendre le fonctionnement élémentaire de notre système nerveux, puis les circuits mis en jeu pour aboutir à des fonctions cérébrales intégrées et finalement des comportements. La compréhension des maladies dégénératives et leur possible traitement, comme la compréhension des maladies fonctionnelles du système nerveux, des inflammations de la sclérose en plaques, jusqu'aux maladies psychiatriques, dépendent largement de ces connaissances encore très élémentaires aujourd'hui. Inversement, le projet peut servir d'appui à la définition d'un humain de référence, modèle du cerveau normal, un schéma de la carte de ce cerveau serait arbitrairement considéré comme la contrepartie anatomique ou anatomofonctionnelle, de la valeur 100 du QI. Déjà apparaissent les dérives possibles concernant le contrôle du comportement, la volonté d'améliorer les performances scolaires militaires ou sportives, le souhait de prédire des comportements violents ou d'addictions aux drogues. De fait, nous nous trouvons ici devant le premier dilemme cornélien que posent des connaissances issues des neurosciences. Car, par un paradoxe malin, les neurosciences nous révèlent dans le même temps de plus en plus d'éléments de la diversité et de la plasticité cérébrale [17] ».

Ainsi, une fois de plus, une grande découverte porte en elle le pouvoir de nous anéantir. Il en est ainsi du feu et du pyromane, de l'imprimerie et de « Mein Kampf », de la poudre et du canon, du scaphandre et du sous-marin de guerre, de la force nucléaire et d'Hiroshima.

Ce que l'homme fera de ses nouvelles découvertes, personne ne peut le dire.

Transmettre notre humanité avec sa fragilité, sa souffrance, sa sensibilité sera le véritable challenge. Faire le deuil d'un certain dualisme, qui veut que le Sacré tienne dans un corps à jamais séparé de l'esprit risque de nous faire chavirer.

Certains, comme Patrick Juignet, psychiatre et psychanalyste, s'opposent fortement à cette vision. Pour lui, « elle s'inscrit dans un vaste courant idéologique matérialiste réductionniste cherchant à mécaniser l'homme. /… /L'homme-machine est un homme chosifié, privé de sa spécificité humaine [18]».

Je n'y crois pas. L'homme parfait est une torture que l'humanité ne s'infligera pas. Confiante bienveillance…

Je veux pouvoir pleurer pour rire ensuite, être quitté pour rêver d'être appelé, échouer dix fois dans mes tentatives pour profiter de la réussite de la dernière.

L'homme est définitivement romantique. C'est en cela qu'il est spécifique.

Son dessein n'est pas de mettre un point final à cela, mais peut-être juste de changer de chapitre.

Dans cette affaire, rien ne s'oppose au mystère de la création. Dieu y a même toute sa place.

L'Espérance existe, mais l'homme a été conçu pour être proactif.

Nous n'y pouvons rien… La faute à qui ?

---

[17]   H. Chneiweiss, Neurosciences et Neuro-éthique, Alvik éd. 2006

[18]   F. Rosier, « Cerveau virtuel, un pari à un milliard », Le Monde Science&Techno, 26/01.2013, http://www.telecom-bretagne.eu/lexians/wp-content/uploads/2013/01/Projet-HBP-pour-Le-Monde-26-janvier-2013.pdf

Conclusion

« Je ne m'inquiète jamais de l'avenir. Il arrive bien assez tôt. »
Albert Einstein

« La science est un savoir organisé. La sagesse est la vie organisée »
Emmanuel Kant

L'homme avance sans trop savoir où il va, hésite, tâtonne, souvent se trompe et parfois — au hasard de la beauté de ses réalisations — reprend confiance.

À l'échelle d'une vie, nous avons bien évidemment tous conscience de ce qu'il faut faire. Nous savons qu'il faut apprendre à s'alimenter, à marcher, à maitriser un métier, aimer, se socialiser, se reposer, rêver, souffrir ; mais aussi transmettre la vie et apprendre à mourir.

Mais qui est capable de dire que l'humanité va « dans le bon sens » si tant est qu'il y ait un sens ?

Le monde que je dessine pose bien plus de questions qu'il n'apporte de réponses.

Que l'on parle de « transhumain » ou de « posthumain », il est bien difficile d'imaginer ce que sera son identité, sa représentation de son existence, de ses droits et de ses devoirs, de ses relations aux autres, de ses émotions, son espace et son temps.

Beaucoup pensent comme Hegel que la compréhension vient après les événements. Il faut au contraire prendre le risque de penser à l'avance pour aider l'homme à ne pas s'égarer, même si l'avenir est toujours en mouvement.

Dans cette réflexion, le doute doit être intelligent, porté avec le cœur et doit surtout laisser toute sa place à l'audace...

L'invention de la roue, de l'élevage, des télécommunications ont-elles réellement changé la profonde nature de l'homme ?

Il faut avoir confiance, ne pas redouter à l'excès les changements technologiques qui ne manqueront pas de venir bouleverser notre quotidien.

Certains redoutent le syndrome Frankenstein, de jouer à l'apprenti sorcier, de contrarier « l'ordre des choses » et l'évolution darwinienne « normale ». C'est oublier que cette dernière a mis bien longtemps à apparaître comme « normale » et qu'encore de nos jours nombreux sont ceux qui n'admettent d'aucune façon que l'homme descende d'un primate…

Si la prudence éclairée n'est pas un vilain défaut, il faut admettre que c'est bien l'intelligence humaine qui construit ce futur, ce vivant matérialisé d'une nouvelle manière et que cette intelligence est bien le fruit de l'évolution.

Il ne faut pas croire qu'en modifiant les gènes ou en créant un homme numérique, on modifie l'essence de l'homme, car en ayant de cesse de chercher sa place dans l'univers il continuera à écrire des pages différentes d'un même livre.

« L'univers est composé d'histoires, pas d'atomes », nous dit Muriel Rukeyser [1].

Nous sommes les seuls à en être conscients sur cette planète et c'est précisément ce qui nous confère notre humanité.

L'homme passe son temps à tenter de discerner le juste et l'injuste, le bien du mal. Je ne pense pas que ce sentiment de responsabilité disparaitra.

Si j'ai choisi d'appeler ce livre « Le Fils de l'Homme », c'est pour souligner le fait qu'on a parfois tendance à oublier que notre avenir — même lointain — s'inscrit dans une filiation.

Ceux qui imaginent que l'homme s'égarera oublient un peu trop que cette filiation nous engage. Il s'agit de nos enfants. Aucun choix ne saute de génération. Ceux que nous faisons aujourd'hui concernent directement nos enfants.

En ce sens, la mobilisation des 25 dernières années en faveur de notre environnement est l'exemple même du fait que nos choix sont essentiellement dictés par notre héritage direct. Nous nous sentons responsables du monde que nous construisons et laissons à nos propres enfants.

Mais je trouve encore plus intéressante la vision amérindienne de cette pensée : nous ne recevons pas la terre de nos ancêtres, mais l'empruntons temporairement à nos descendants.

Au-delà des fantasmes, cette filiation et ce lien d'amour qui unit chaque génération à la suivante sont bien ce qui, petit à petit, construit notre avenir. Tout ce que nous accepterons ne se fera qu'à la condition que cela soit bénéfique à nos propres enfants.

Ceci n'interdit bien évidemment pas les errances, les erreurs de jugement que l'humanité expérimente depuis ses origines. Mais il s'agit toujours à mon sens de regarder notre trajectoire avec cette confiante bienveillance qui fera qu'au total nous pointerons notre

---

[1]   Muriel Rukeyser, The Speed of Darkness

quête dans « la bonne direction », même si elle ne correspond pas à ce que nous aurions imaginé ou souhaité aujourd'hui.

Ainsi le Fils de l'Homme, aussi câblé, numérique, métallique ou biochimique soit il ne sera pas moins illégitime que nous à l'échelle de l'évolution et du cosmos.
Fait des mêmes molécules, fruit de nos rêves, de nos espoirs et de nos doutes, il devra lui-même repousser les limites de son existence s'il ne veut disparaître d'ennui.
Pour cela, il n'aura au final d'autre choix que d'évoluer, en restant romantique.

www.ingramcontent.com/pod-product-compliance
Lightning Source LLC
Chambersburg PA
CBHW051854170526
45168CB00001B/101